INFO ABOUT RIGHTS

ISBN-13: 978-1547275144

ISBN-10: 1547275146

Publicidad

y

Comunicación

Fundamentos, aplicaciones y métodos

Miguel D' Addario · PhD

Primera edición
CE
2017

Índice

Autor

Licenciado en Periodismo, Máster en Educación Social, Máster en Sociología y Doctorado en Comunicación Social por la Universidad Complutense de Madrid. Ha desarrollado su experiencia en diversos campos de la docencia, desde la Formación Profesional hasta el nivel Universitario, tanto en Iberoamérica como en Europa.

Sus libros se encuentran en diferentes centros de estudios y bibliotecas del mundo, como por ejemplo la Universidad San Pablo de Perú, Universidad de Santo Domingo la República Dominicana, Universidad de San Gregorio de Ecuador, Universitat de Valencia, Biblioteca Nacional de España, Biblioteca Nacional de Argentina, Universidad de Texas, Universidad Complutense de Madrid, Universidad de Toronto, Canadá, Universidad de Deusto, Universidad de Illinois, Universidad de Kansas, Bibliotecas de la Comunidad de Madrid, Castilla y león, Andalucía, y País Vasco, Biblioteca Nacional Británica, Universidad de Harvard, Biblioteca del Congreso de los Estados Unidos.

PhD y ensayista, ha recibido premios y menciones de Asociaciones de escritores, Centros Culturales, Universidades, y sedes afines. Igualmente como Ponente, Conferenciante e Investigador, en Universidades, Centros educacionales, públicos y privados.

Autor de libros artísticos: Poesía, Cuento y Relatos.

Autor de libros educativos, de variados niveles y temarios.

Autor de libros de filosofía, ontología y metafísica.

Autor de libros de Autoayuda y Coaching.

Sus libros están distribuidos en los cinco Continentes, son de consulta asidua en Bibliotecas del mundo, y se encuentran inscritos en los catálogos, ISBNs y bases bibliográficas Internacionales. Son traducidos a múltiples idiomas y pueden encontrarse en los bookstores internacionales, tanto en formato papel como en versión electrónica.

Webs donde conocer y/o adquirir otras obras del autor:

http://migueldaddariobooks.blogspot.com
https://www.amazon.com/Miguel-DAddario
https://www.createspace.com/pubMiguelDAddario

Introducción

Desde que existen productos que comercializar ha existido la necesidad de comunicar su existencia; la forma más común de publicidad era la expresión oral. En Babilonia se encontró una tablilla de arcilla con inscripciones para un comerciante de ungüentos, un escribano y un zapatero que data del 3000 a. C. Ya desde la civilización egipcia, Tebas conoció épocas de gran esplendor económico y religioso; a esta ciudad tan próspera se le atribuye uno de los primeros textos publicitarios. La frase encontrada en un papiro egipcio ha sido considerada como el primer reclamo publicitario del que se tiene memoria. Hacia 1821 se encontró en las ruinas de Pompeya una gran variedad de anuncios de estilo grafiti que hablan de una rica tradición publicitaria en la que se pueden observar vendedores de vino, panaderos, joyeros, tejedores, entre otros. En Roma y Grecia, se inició el perfeccionamiento del pregonero, quien anunciaba de viva voz al público la llegada de embarcaciones cargadas de vinos, víveres y otros, y que eran acompañados en ocasiones por músicos que daban a estos el tono adecuado para el pregón; eran contratados por comerciantes y por el estado. Esta forma de publicidad continuó hasta la Edad Media. En Francia, los dueños de las tabernas voceaban los vinos y empleaban campanas y cuernos para atraer a la clientela; en España, utilizaban tambores y gaitas, y en México los pregoneros empleaban los tambores para acompañar los avisos.

En Roma surgen dos nuevos medios: el "álbum", y el "libellus". El álbum consistía en una superficie blanca sobre la que se escribía; ya fueran pergaminos, papiros, o paredes blanqueadas. Cualquier superficie blanca serviría para dar a conocer mercancías, anunciar espectáculos, anunciar ventas de esclavos y comunicar decisiones políticas. El libellus, considerado el antecesor del cartel, era de menor tamaño que el álbum. Una vez se había escrito en él el mensaje o comunicado, se pegaba a la pared.

La publicidad es una forma de comunicación que intenta incrementar el consumo de un producto o servicio, insertar una nueva marca o producto dentro del mercado de consumo, mejorar la imagen de una marca o reposicionar un producto o marca en la mente de un consumidor. Esto se lleva a cabo mediante campañas publicitarias que se difunden en los medios de comunicación siguiendo un plan de comunicación preestablecido.

A través de la investigación, el análisis y estudio de numerosas disciplinas, tales como la psicología, la neuroanatomía, la sociología, la antropología, la estadística, y la economía, que son halladas en el estudio de mercado, se podrá, desde el punto de vista del vendedor, desarrollar un mensaje adecuado para una porción del público de un medio. Esta porción de personas, que se encuentra detalladamente delimitada, se conoce como público objetivo o target.

La publicidad se diferencia de otras dos actividades también dirigidas a influir en la opinión de la gente: las relaciones públicas y la propaganda.

Los términos publicidad y propaganda se usan indistintamente en algunos países de habla española y se intercambian, pero a nivel profesional y académico ambos términos hacen referencia a dos conceptos distintos. La principal diferencia es el tipo de conducta que se propone modificar. En el caso de la publicidad, se pretende influir en las conductas de consumo de una persona mediante campañas o acciones publicitarias en diferentes medios y con diferentes objetivos (lanzamiento de un producto, posicionamiento de marca, recordación de marca, etc.) para que el consumidor lleve a cabo un acto de consumo en un corto o largo plazo. Entretanto, la propaganda trata de que una persona se adhiera a una ideología o creencia.

Por otro lado, también se diferencian los términos publicista y publicitario. Un publicista es aquel que se dedica a la publicación de artículos de difusión como puede ser la publicación de una revista; mientras que un publicitario es el encargado de crear y difundir publicidad como actividad primaria.

La notoriedad de marca es una de las principales maneras en que la publicidad puede estimular la demanda de un tipo de producto determinado e incluso identificar como denominación propia a dicho producto. Ejemplos de esto los hay en productos como adhesivos textiles, lencería femenina, papel higiénico, cinta adhesiva, pegamento en barra, encendedores de fuego, reproductores de música, refrescos, etc. La notoriedad de marca de fábrica se puede establecer a un mayor o menor grado dependiendo del producto y del mercado. Cuando se crea tanto valor de marca, esta tiene la capacidad de atraer a los compradores incluso sin publicidad, se dice que se tiene notoriedad de marca. La mayor notoriedad de marca se produce cuando la marca de fábrica es tan frecuente en la mente de la gente que se utiliza para describir la categoría entera de productos. Kleenex, por ejemplo, puede identificarse como pañuelos de celulosa o como una etiqueta para una categoría de productos, es decir, se utiliza con frecuencia como término genérico. Una de las firmas más acertadas al alcanzar una notoriedad de marca de fábrica es la aspiradora Hoover, cuyo nombre fue durante mucho tiempo en los países anglosajones sinónimo de aspiradora. Un riesgo legal para el fabricante de la notoriedad de marca es que el nombre puede aceptarse tan extensamente que se convierte en un término genérico, y pierde la protección de la marca registrada. Un ejemplo de este caso sería el nombre comercial del ácido acetilsalicílico, la aspirina.

En ocasiones, determinados productos adquieren relevancia debido a la publicidad, no necesariamente como consecuencia de una campaña intencionada, sino por el hecho de tener una cobertura periodística relevante. En Internet o tecnologías digitales se habla de publicidad no solicitada o spam al hecho de enviar mensajes electrónicos, tales como correos electrónicos, mensajes cortos u otros medios sin haberlo solicitado, y por lo general en cantidades masivas. No obstante, Internet es un medio habitual para el desarrollo de campañas de publicidad interactiva que no caen en invasión de la privacidad, sino al contrario, llevan la publicidad tradicional a los nuevos espacios donde se pueda desarrollar.

Comunicación

Concepto de comunicación

El término 'comunicación' se utiliza en una gran variedad de contextos y con una amplia diversidad de sentidos que, en ocasiones, contribuyen a hacerlo confuso. Para hacernos una idea, conviene observar en qué sentidos utilizamos el término para describir los siguientes fenómenos:

- Los intercambios de una ameba con su ecosistema.
- La estrategia de una multinacional.
- Un gesto.
- Una campaña política en unas elecciones.
- El servicio de correos.
- El plumaje de un pájaro.
- La descarga sináptica entre dos neuronas.
- El movimiento de las alas de una abeja en la colmena.
- Un edificio.
- El color llamativo de algunos reptiles e insectos.
- El texto impreso en una página.

- Las substancias químicas segregadas por una hormiga.
- Las formas dibujadas en un cuadro.
- Una secuencia cinematográfica.

Todas son formas de comunicación, y, sin embargo, utilizamos el término con sentidos y connotaciones diferentes. Pese a todo, la idea básica de comunicación es el único principio de acción que presentan en común los fenómenos reseñados arriba.

¿Dónde empieza y dónde acaba el fenómeno que llamamos comunicación?

El concepto de comunicación es un concepto problemático y complejo:

Abarca fenómenos comunes en contextos muy diversos: físico, biológico, social.

Abarca fenómenos diferentes en un mismo contexto: una conversación entre dos interlocutores y una reacción a una señal de tráfico son dos hechos comunicativos sociales y, no obstante, sustancialmente diferenciables. La comunicación es un concepto amplio y elástico, que se desliza constantemente entre la polisemia, la ambigüedad y la multidimensionalidad.

Polisemia

Afirmar que la comunicación es un término polisémico implica decir que se ponen en juego distintos significados para un mismo término.

Ejemplo

No es lo mismo hablar de la comunicación que se da a nivel ecológico entre especies o entre una especie y su entorno que hablar de la comunicación que se da entre dos instituciones, entre una institución y un usuario, o entre dos personas. Se trata de concepciones distintas: comunicación como interacción funcional y comunicación como interacción semántica.

La polisemia del concepto comunicación no se limita a los elementos de la definición (los sujetos o los objetos del intercambio), sino que también afecta al esquema mismo que define la comunicación: para el mismo uso de "comunicación" puede oponerse el sentido de intercambio al de cooperación, no es lo mismo concebir la comunicación interpersonal en términos de intercambio de información, conocimiento o significado, que concebirla en términos de una acción cooperativa que constituye ella misma el significado o el conocimiento).

Ambigüedad

La ambigüedad hace referencia a la mezcla o confusión entre los matices de significado de un término. Por ejemplo, mediante la disonancia entre la descripción y el funcionamiento de ese término: Así, en el caso de la 'información' es frecuente encontrar cierta imprecisión o incoherencia entre:

a) los esquemas y elementos utilizados para la descripción del fenómeno.

b) las consecuencias y alcance práctico del fenómeno mismo.

Ejemplo:

El concepto de información es uno de los conceptos vinculados con la comunicación que más ambigüedad comporta. Evidentemente no hablamos de lo mismo al decir que el ordenador procesa información y al decir que la prensa publica una información. Sin embargo, el sentido matemático-lógico (información cuantificable en bits) y el sentido sociocultural (referencia novedosa a hechos o acontecimientos) se mezclan a menudo y hablamos así de "tecnología de la información" sin precisar mucho si nos referimos a tecnología construida sobre la base de la información matemático-lógica o si nos referimos a tecnología útil para la transmisión y gestión de información en su sentido sociocultural. Lo mismo ocurre cuando, en el lenguaje coloquial, decimos que necesitamos "procesar la información para tomar una decisión".

Multidimensionalidad

Presencia de un substrato común a las diversas manifestaciones del fenómeno: la comunicación es así un fenómeno que tiene lugar en diferentes ámbitos (lógico, biológico, cultural, social, tecnológico)

Debido a la multidimensionalidad, podemos hablar de comunicación entre células, entre personas, entre instituciones, entre países, entre insectos, incluso entre ideas o sistemas de ideas.

Debido a la polisemia podemos hablar de comunicación como intercambio, como cooperación, como mandato, como demanda, como conducta, como acción.

Debido a la ambigüedad se producen cambios de sentido y de significado en el concepto mismo de comunicación (por ejemplo, la comunicación como transmisión de información significa algo muy distinto antes y después de la Teoría matemática de la Información).

Rasgos básicos de la comunicación

Estas características del concepto de comunicación implican tanto una gran riqueza como una cierta confusión en el uso del término. Para diseñar una perspectiva de la Teoría de la Comunicación, de acuerdo con los enfoques aportados desde diversas disciplinas, tenemos dos opciones:

a) Limitarnos exclusivamente al ámbito social, cultural y tecnológico de la comunicación (Sociología y tecnología de la comunicación), circunscribiéndonos al uso común del concepto como "intercambio de información".

b) Plantear previamente un concepto general de comunicación coherente con los distintos ámbitos en que es posible usar dicho concepto y delimitar las interrelaciones que se puedan dar en tales ámbitos.

Desde nuestro punto de vista, cuando usamos la palabra "comunicación" en nuestro mundo social usamos también en ese concepto aspectos procedentes del mundo de la vida, de la tecnología, etc. Por esta razón, creemos necesario optar por la opción b.

Esto implica plantear un concepto abstracto de comunicación que nos sirva de plataforma para analizar en concreto los distintos fenómenos denominados "comunicación" y comprender su importancia radical en el ámbito social.

En adelante analizaremos los principios básicos -la estructura epistémica- sobre los que edificar ese concepto general de comunicación.

Principio de relación

Es el principal rasgo que constituye la idea de comunicación. Cualquiera que sea su sentido, la comunicación es, esencialmente, a su nivel más básico, relación, es decir, algún tipo de encuentro entre dos elementos o unidades diferenciadas. De hecho, etimológicamente comunicación (comunicatio) remite al principio de unidad funcional, de proceso de encuentro.

El ámbito de la relación abarca desde la transformación física (el choque, la fricción) y la transformación lógica (la adición, la sustracción...), hasta la transformación psicosocial (la acción comprensiva, la historia).

Principio de diferencia/semejanza

En tanto que relación, la comunicación presupone la capacidad fisiológica de percepción o sensibilidad de la diferencia por parte de un observador. Sólo se puede relacionar aquello que es distinguible. La comunicación es, en cierto sentido, simultáneamente tráfico y producción de diferencias.

La comunicación se relaciona así con el conocimiento (cognición): atención; focalización; contraposición figura/fondo. Sobre la diferencia se constituyen:

Los sujetos (quién comunica: distinguimos la acción comunicativa, su duración, su naturaleza).

Los objetos (qué se comunica: distinguimos los significados, las señales, los sentidos, las variaciones en la acción y los productos de esa acción como diferentes de lo que hay en el medio en que los encontramos).

Las relaciones de la comunicación (de qué modo se comunica: distinguimos los procesos por los cuales se producen y perciben las diferencias que hacen posible la comunicación).

Gregory Bateson define la información como la diferencia que hace una diferencia, es decir, la interacción entre dos elementos (cambio en el entorno) que produce cambios en esos elementos.

De la conjunción entre los principios de relación y diferencia se derivan otros:

Estructura/forma

Una estructura es un conjunto de partes relacionadas, en el que las partes adquieren relevancia no por su naturaleza sino por su relación con los otros elementos.

La relación en el ámbito estructural da lugar a la forma. Una forma es una estructura (conjunto de partes relacionadas) percibida como un todo diferenciado.

Etimológicamente información significa dar forma, es decir, resaltar, distinguir sobre un fondo. Nosotros percibimos nuestro entorno no como un conjunto de objetos independientes entre sí ni como un objeto único e indiferenciado, sino como un conjunto de estructuras y formas interrelacionadas. Esta idea es fundamental tanto para una idea de conocimiento como para una idea de comunicación.

Al igual que en este cuadro del   pintor italiano del siglo XVII, Arcimboldo, en una estructura los elementos adquieren sentido no por lo que son, sino por su relación con los demás elementos.

Interacción/función

Una función es un cambio regular en la estructura, es decir, un cambio predecible en las relaciones entre elementos que afecta al conjunto. Las funciones (junto con los cambios aleatorios e impredecibles) constituyen los procesos de transformación de las estructuras.

La relación en el ámbito funcional da lugar a la interacción. Cuando dos procesos se influyen mutuamente, hay interacción.

Si la forma es una "estructura percibida" como un todo independiente, la "interacción percibida" como una unidad independiente es una función.

Como ocurre en este grabado de Escher, en el fenómeno de contraposición figura/fondo se observa con claridad la caracterización de la forma como estructura diferenciada como un todo respecto de su entorno. La relación figura/fondo es, además, un buen ejemplo de relación complementaria: no es posible definir la una sin el otro y a la inversa.

Los principios relacionales de la forma y la interacción hacen a su vez posibles dos aspectos esenciales a cualquier uso del concepto de comunicación.

Organización

La organización resulta de la relación entre estructura (forma) y función (interacción). Consecuentemente, como se tratará en otro tema, la idea de organización se halla estrechamente ligada a la de comunicación. Algo está organizado cuando sus procesos de transformación se complementan con su estructura característica.

Proceso

La relación entre forma e interacción refuerza la idea de diferencia que constituye el acto básico de la observación. La idea de 'diferencia' se halla estrechamente ligada al concepto de información. En consecuencia, podemos plantear una estructura básica de los principios lógicos presentes en toda forma de comunicación, a la que denominaremos.

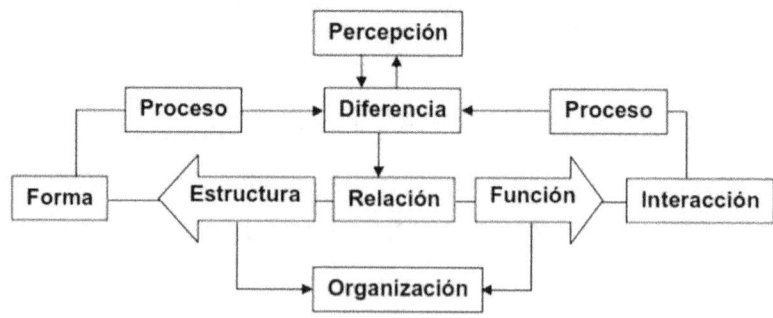

Estructura epistémica del concepto comunicación

La comunicación parte de un acto de distinción (percepción de la diferencia), a partir de la cual se constituyen los "interlocutores" del fenómeno y el contexto de las relaciones posibles entre las diferencias perceptibles. Dichos "interlocutores", los "sujetos" de la comunicación, centralizan la selección de distinciones y las relaciones admisibles entre esas selecciones: son ellos quienes determinan qué objetos entran en el "juego" de la comunicación y qué relaciones son definitorias de éste. Complementariamente, el conjunto de relaciones y objetos determina qué instancias son admitidas como sujetos en el "juego" comunicacional.

La comunicación en un sentido profundo y general, implica a toda la variedad de fenómenos que se derivan de la convergencia de estos principios y que, unitariamente, pueden ser incluidos bajo la denominación de interacciones transformadoras.

La idea de interacción transformadora se encuentra en la base de todo proceso comunicativo e implica la coordinación de los procesos de cambio entre dos estructuras o elementos. Por su carácter de proceso y por involucrar la relación estructura/función, la comunicación se encuentra estrechamente relacionada con las ideas de 'organización' y 'conocimiento'.

Complejidad, interdisciplinariedad y transdisciplinariedad

Si desde una aproximación cotidiana e intuitiva al concepto de comunicación señalábamos como características apreciables la polisemia, la ambigüedad y la multidimensionalidad, desde el ámbito del estudio científico de la comunicación es preciso considerar otros rasgos distintivos de las ideas de comunicación e información. Estos rasgos diferenciales son la complejidad, la interdisciplinariedad y la transdisciplinariedad.

La cuestión de la complejidad

La comunicación es un fenómeno complejo, no sólo porque abarca distintos ámbitos, sino porque su esencia misma implica correlación, interacción, interdependencia, aspectos estos que constituyen la base misma de la idea de complejidad.

En términos generales, un fenómeno u objeto es complejo cuando implica una amplia e intrincada red de elementos, relaciones entre elementos y manifestaciones posibles.

La comunicación como fuente y objeto de interdisciplinariedad

Interdisciplinariedad es el hecho de que diferentes disciplinas compartan un mismo objeto de estudio, aportando así matices y métodos diferenciados pero complementarios para la comprensión de ese objeto o fenómeno.

La relevancia de los diversos fenómenos comunicacionales en diversas disciplinas y metodologías de investigación ha suscitado un vivo debate acerca de las aportaciones de unas y otras al conocimiento del fenómeno general de la comunicación.

Las ideas de comunicación e información han dado lugar a una profunda y animada conversación interdisciplinar.

Ejemplo:

La trayectoria del concepto de "información".

De un uso predominantemente social se pasa en los años 30 a una definición matemática del concepto, que rápidamente se extiende por las ciencias experimentales (física, biología) y que, por el camino de la Inteligencia Artificial y los ordenadores personales, regresa a los usos sociales cargada de nuevos sentidos, de infinidad de matices.

Esa trayectoria de la idea de información, con todos sus abusos y extravíos, ha contribuido también a una profundización en el concepto de comunicación: así, las teorías sobre la comunicación que se forjan en parcelas de la biología aportan novedades o suscitan el interés de aspectos relativos a la comunicación en ciencias sociales o en física, y a la inversa.

El ordenador personal que solemos tener sobre nuestro escritorio es quizás uno de los resultados más tangibles y cotidianos de esta interdisciplinariedad.

La interdisciplinariedad se convierte en requisito de aproximación a la comunicación: no es posible definir ni estudiar la comunicación sin recurrir a las aportaciones teóricas y técnicas de una amplio conjunto de disciplinas: matemáticas, semiótica, lingüística, lógica, sociología.

La comunicación como ámbito de transdisciplinariedad

Con el tiempo el debate interdisciplinar se estabiliza y las propias disciplinas empiezan a perfilar sus canales de entendimiento y desarrollo: teorías comunes, líneas de investigación conjunta, etc.

Se perfila una transdisciplina: un conjunto de conceptos y esquemas interpretativos común y básico para varias disciplinas.

Entendemos por transdisciplinariedad la relación interdisciplinar en la que diferentes disciplinas coordinan su aproximación al objeto de estudio compartido desde una transdisciplina.

El estudio de la comunicación es transdisciplinar cuando coordina y transforma las disciplinas que lo integran.

Se convierte, por así decirlo, en el 'lenguaje' a partir del cual se entienden y coordinan las disciplinas para las cuales es relevante el fenómeno de la comunicación.

La relación interdisciplinar se construye sobre el objeto de estudio; la relación transdisciplinar se construye sobre el lenguaje compartido.

En resumen, desde el ámbito científico, los estudios sobre la comunicación y la información son los protagonistas de una profunda transformación social y cultural cuyas bases se remontan a tres características:

- Interdisciplinariedad
- Transdisciplinariedad
- Aplicaciones tecnológicas

A partir de estos tres factores la comunicación se integra con pleno derecho en un cambio de paradigma que caracteriza el siglo XX.

Hasta el punto de que algunos autores (Morín, Luhmann, y otros) hablan del paradigma informacional-comunicacional.

Bases epistemológicas para el tratamiento de la comunicación

Las metáforas de la comunicación: esquemas interpretativos dominantes

 Ejemplo:

Cuando utilizamos para hablar sobre la mente expresiones como:

"Está a punto de perder el control"

"Mi cabeza no funciona hoy"

"Hoy me chirrían los engranajes"

"Estás un poco oxidado"

"Le falta un tornillo"

"Me patinan las neuronas"

"Me va a estallar la cabeza"

Estamos utilizando la metáfora de la máquina para explicar aspectos relacionados con la mente o el pensamiento. Implícitamente estamos diciendo que:

(La mente está compuesta de partes relacionadas que realizan funciones).

(La mente puede funcionar mal; funcionar despacio, o inapropiadamente).

(La mente se puede reparar; puede conseguirse que funcione adecuadamente).

(Nuestra mente realiza funciones para nosotros; es algo distinto de nosotros).

La forma de entender los procesos y fenómenos comunicativos puede ser explicada mediante esquemas interpretativos.

Los esquemas interpretativos agrupan y organizan los rasgos distintivos de los procesos comunicativos dándoles sentido. Un esquema interpretativo hace que la comunicación se entienda de una manera y no de otra; esto es, con unas características dominantes y no otras.

Los esquemas interpretativos funcionan como metáforas en un sentido amplio.

La metáfora o esquema interpretativo de la máquina selecciona y organiza aspectos o rasgos asociados a la idea de "mente".

Es posible distinguir dos esquemas interpretativos dominantes de los fenómenos comunicativos; es decir, dos metáforas dominantes de la comunicación; dos modos generales de entender la comunicación.

Las denominaremos "metáfora del intercambio o la transacción" y "metáfora de la conversación" o "metáfora de la danza".

Epistemología y comunicación

La idea de comunicación no sólo afecta al objeto de conocimiento (los ámbitos donde se producen fenómenos comunicativos), sino que también afecta al método del conocimiento.

Los conceptos de comunicación y conocimiento aparecen relacionados desde su origen.

En la filosofía presocrática (Heráclito, Gorgias...), en Platón (mito de la caverna) y en Aristóteles (Retórica), el conocimiento aparece ligado a dos aspectos esenciales de la comunicación:

La naturaleza de la relación entre las cosas y el cambio transformador.

La expresión de los conceptos y su fiabilidad.

La Teoría Matemática de la Información, la Teoría de Sistemas y la Cibernética introducen las ideas de comunicación e información en el corazón de la cuestión del método de conocimiento, hasta el punto de que se considera a la información como la unidad de la que se compone el conocimiento y a la comunicación como el proceso por el cual puede incrementarse el conocimiento.

La proximidad entre las ideas de "Sociedad de la Información" y "Sociedad del

Conocimiento" en un contexto sociocultural donde las tecnologías y los procesos de comunicación son el referente básico hace patentes las profundas implicaciones del concepto.

La comunicación se convierte así en un concepto de relevancia epistemológica que protagoniza un cambio de paradigma en el siglo XX.

Epistemología

La epistemología es la disciplina de la filosofía que se ocupa del conocimiento científico. Como tal, es una rama de la filosofía de la ciencia y de la filosofía del conocimiento (gnoseología).

El objeto de la epistemología es la episteme. La episteme designa en la tradición griega (Platón, Aristóteles) el "conocimiento verdadero". En la actualidad el concepto de episteme admite matices más amplios para designar "las condiciones de posibilidad del saber" (Delgado, 1992).

En este sentido, pueden identificarse dos tradiciones epistemológicas: aquella más próxima a la filosofía de la ciencia, que entiende la epistemología como el estudio de las condiciones necesarias para el conocimiento objetivo (conocimiento científico); y aquella otra más próxima a la filosofía del conocimiento, que entiende la epistemología como un conocimiento del conocimiento (Morin, 1994).

La historia de ambas tradiciones se perfila a lo largo del siglo XX.

Dos conceptos de conocimiento:

A lo largo de la historia del pensamiento occidental se han perfilado dos modos esquemáticos de entender el conocimiento:

El conocimiento como representación

Orígenes y antecedentes: El mito de la caverna de Platón, el dualismo cartesiano, Kant, la "teoría de la habitación oscura" de Locke.

Aspectos del concepto:

Concibe el conocimiento como la habilidad de sustituir lo real por modelos o "mapas" de lo real (representaciones). Estas representaciones son "objetivas" en tanto captan la verdadera naturaleza de la cosa representada.

Las idea de representación como base del conocimiento era en un principio naturalista (la representación como una imagen "fotográfica" fidedigna) y lingüística (la representación como relación significante). A partir de la Teoría Matemática de la Información se introduce la "representación computacional": Los símbolos de la computación se convierten en el "lenguaje" dominante de la representación cognitiva. La nueva idea de conocimiento como representación se basa por tanto en la idea de información. Así, actualmente, puede decirse que: conocimiento como representación = procesamiento de información.

Implicaciones:

Una concepción absoluta del mundo: el mundo es como es, independientemente de quien lo observe. Fundamento para el objetivismo: el observador no "pone" nada en la observación.

Se separa el conocimiento de la acción: "conocer no es hacer". La separación entre conocimiento y acción se relaciona con algunos de los grandes cismas de la cultura occidental:

-Separación sujeto/objeto

-Separación teoría/praxis

-Separación materia/espíritu

-Separación cuerpo/mente

El conocimiento como acción

Orígenes y antecedentes: Heráclito, la biología aristotélica, las teorías constructivistas del conocimiento del filósofo italiano del s. XVII Giambattista Vico, la filosofía vitalista del s. XIX (Nietzsche, Bergson...)

Aspectos e implicaciones del concepto:

El conocimiento es una acción que contribuye a "dar forma" a lo conocido. En consecuencia, el acto de conocer forma parte del objeto conocido. El observador "pone" su acción organizadora y selectiva en lo observado.

No es posible concebir el mundo sin un conocedor.

El conocimiento es un proceso circular donde tienden a reunificarse los grandes cismas de la cultura occidental:

-Sujeto y objeto se hacen mutuamente

-Teoría y praxis se hacen mutuamente

-Cuerpo y mente se hacen mutuamente

La dicotomía entre la idea del conocimiento como observación y la idea del conocimiento como acción introduce de lleno el problema de la observación.

La epistemología constituye, de hecho, teorías de la observación, es decir, teorías acerca de cuáles son las relaciones admisibles entre el observador y lo observado para generar conocimiento.

En relación con la idea de conocimiento como representación encontramos la teoría clásica de la observación, característica de las ciencias experimentales, según la cual el observador y la acción de observar no transforman al objeto o fenómeno observado puesto que no forman parte de él. Así ocurre, por ejemplo, con el biólogo que observa un mapa genético o con el físico que observa el comportamiento de las moléculas.

En relación con la idea del conocimiento como acción encontramos la teoría de la observación participante, característica de las ciencias sociales y humanas, según la cual el observador y la acción de observar transforman el fenómeno observado, puesto que forman parte de él.

Así, en las ciencias sociales (y, por tanto, en el estudio de la comunicación) habremos de tener presente que el observador forma parte de los procesos observados (la sociedad, la comunicación).

La teoría matemática de la información

Contexto y antecedentes científico-lógicos

A finales de los años 30 convergen en el terreno de la ingeniería una serie de líneas de investigación relacionadas con:

a) La lógica binaria

La lógica binaria es la lógica construida sobre dos valores absolutos, simbólicamente representados por 1 y 0 (todo/nada; conectado/desconectado; presencia/ausencia).

Tiene su origen en la lógica aristotélica: La ley del tercio excluso (una cosa sólo puede ser o ella misma o su contraria) y la ley de no contradicción (una cosa no puede ser a la vez ella misma y su contraria)

La lógica binaria es una lógica simplificadora porque limita el número de opciones al mínimo posible.

b) La transmisión de señales

A principios de siglo la telefonía y la telegrafía capitalizan la investigación en comunicación, orientando el interés hacia una serie de problemas típicos:

- Aumentar la velocidad de transmisión
- Reducir las pérdidas de señal

c) La estadística (medición de probabilidades)

En 1928 R.V. Hartley utiliza por primera vez el concepto de "transmisión de información" para definir la comunicación.

También fue el primero en definir la información como "selección sucesiva de signos o palabras de una lista dada", con lo que:

a) Eliminaba la cuestión del significado de la definición de información.

b) Definía por vez primera la información por su valor estadístico: la información quedaba así relacionada con la frecuencia de aparición de las señales.

c) Al definir la información por su valor estadístico, la idea de información quedaba asociada a la idea de "novedad" o "imprevisibilidad".

En el marco de esa corriente tiene lugar la aparición de la TI sobre un modelo "técnico" general de comunicación. Así, a finales de los años 40 la Bell

Society inicia una línea de investigación que introduce un cambio significativo en el concepto de comunicación: plantea el problema de la fiabilidad de la transmisión como aspecto constitutivo de la información.

En ese contexto de investigación se perfila el modelo técnico general de la comunicación, a partir del cual Shannon y Weaver configuran su teoría:

En resumen, las condiciones antecedentes de la Teoría Matemática de la Comunicación son:

    1. Preocupación por la medida cuantificable del orden (estadística).

    2. Preocupación por la comunicación en el ámbito de la telegrafía y la telefonía (información como transmisión de señal).

    3. Formalización mediante lógica binaria.

Sobre estos antecedentes el ingeniero Claude Shannon y el matemático Warren Weaver publican en 1949 su Teoría Matemática de la Comunicación, que contribuirá a cambiar radicalmente el panorama científico y tecnológico occidental en menos de medio siglo.

Postulados y conceptos básicos

a) El modelo de la comunicación en TI

El esquema básico de la comunicación que completa el modelo elemental EM-R, de acuerdo con la teoría de Shannon y Weaver, es:

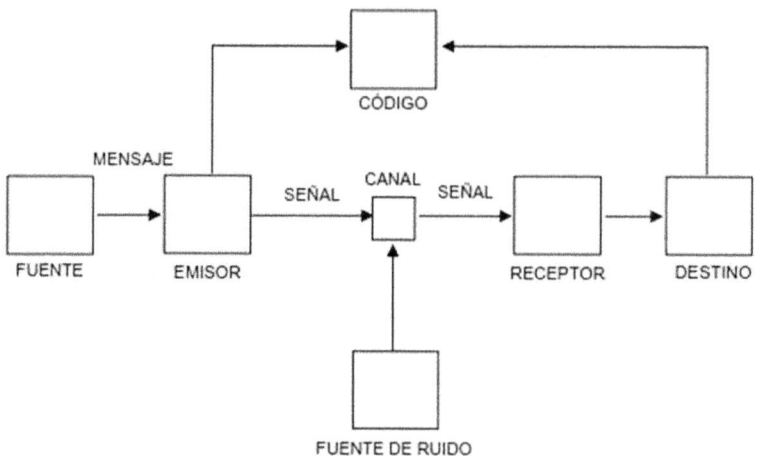

b) Los conceptos fundamentales:

La comunicación es definida por Shannon y Weaver como la transmisión de información en un mensaje entre dos instancias (receptor y emisor) por medio de un canal en un contexto que afecta a la transmisión.

La fuente o repertorio es el conjunto de signos disponibles para constituir el mensaje y el tipo de relación que existe entre ellos.

Ejemplo: la cara y la cruz en una moneda; los puntos en un dado de seis caras; el alfabeto.

La fuente se distingue del código en que es previa a la constitución del mensaje, mientras que el código es posterior (el código "transcribe" el mensaje para poder transmitirlo de forma más eficaz y adaptada al canal).

Cada una de las señales tiene un grado determinado frecuencia de aparición.

A la frecuencia de aparición se la llama también probabilidad de aparición y hace referencia a la probabilidad de que aparezca una señal dada en una cadena de señales determinada.

Por ejemplo, la probabilidad de que aparezca una "U" después de una "Q" en castellano es máxima.

La señal con más probabilidad de aparición en castellano (la letra más usada) es la "E".

El caso más simple es el de una fuente en la que todas las señales tienen la misma probabilidad de aparición.

Ejemplo: la cara y la cruz en una moneda tienen la misma probabilidad de aparición, el 50%.

El hecho de que las probabilidades de aparición de las distintas señales sean diferentes se debe a la aplicación de reglas de relación (sintaxis) entre las señales. Es decir, cuando existen reglas que ordenan la relación entre las señales, la frecuencia de aparición de las señales deja de ser la misma.

El Emisor es una instancia objetiva que no tiene que ver con un sujeto, sino con una función. Es el punto de partida de la transmisión, donde:

> a) Se produce el mensaje mediante la selección de una serie de señales.
>
> b) Se codifica el mensaje mediante un código.
>
> La Señal es el carácter o símbolo que es objeto de la transmisión.

Unidades de transmisión discretas cuantificables y computables independientemente del significado.

Cada uno de los símbolos que componen la fuente o repertorio.

El código puede ser también un sistema de señales (por ejemplo, el Morse).

El Mensaje es el conjunto de señales seleccionado por la acción del emisor.

El Canal es el soporte físico de la señal.

El Código es el sistema de transcripción que permite enviar el mensaje. Un código es a un canal lo que un transformador a una transmisión eléctrica. La principal diferencia entre fuente y código es que éste permite optimizar el uso del canal: Las características del canal exigen muchas veces la codificación, al ser ésta la única manera en que la señal puede viajar por él.

Ejemplo: el Morse es el código en que transformamos el mensaje original (configurado a partir de la fuente que llamamos alfabeto) para poder transmitirlo eficazmente por vía telegráfica.

El lenguaje de unos y ceros (lenguaje binario) utilizado en tecnología digital es un código.

El Receptor es una instancia objetiva que no tiene que ver con un sujeto, sino con una función. Es el punto de llegada de la transmisión y la instancia descodificadora.

El Destino es el punto de convergencia del proceso de comunicación. Todo el proceso comunicativo se organiza en función del destino: el canal, el mensaje, el código, el contexto, etc.

El destino es la instancia descodificadora, es decir, la que transforma nuevamente la transmisión codificada en mensaje.

El Ruido

El ruido es todo factor externo a la comunicación que afecta negativamente a ésta.

Ruido es lo que solemos denominar "interferencias" y hace referencia a cualquier distorsión de la transmisión de la señal que afecte a la integridad del mensaje.

El ruido es, pues, "el lado oscuro" de la información, lo que podríamos denominar como "anti-información" (el carácter especular entre información y ruido viene avalado por el hecho de que su medida matemática es equivalente).

Si desde una aproximación cotidiana e intuitiva al concepto de comunicación señalábamos como características apreciables la polisemia, la ambigüedad y la multidimensionalidad, desde el ámbito del estudio científico de la comunicación es preciso considerar otros rasgos distintivos de las ideas de comunicación e información.

Estos rasgos diferenciales son la complejidad, la interdisciplinariedad y la transdisciplinariedad.

El concepto de información

El valor estadístico de la información viene asociado a la probabilidad de selección de una señal dada en una lista o repertorio de señales.

La vinculación entre la idea de información y las ideas de novedad e imprevisibilidad involucra a las instancias de la comunicación, emisor y receptor:

Para el emisor la información equivale al grado de libertad en la selección de las señales.

Para el receptor, la información equivale al grado de novedad o sorpresa del mensaje.

La información como medida cuantificable hace así referencia a:

   a) La probabilidad de selección de una señal en un repertorio de señales (contenido informativo de la fuente).

   b) La probabilidad de ocurrencia de una señal en un mensaje dado (contenido informativo del mensaje).

La fórmula utilizada para la expresión de esa medida es:

$$H_{bits} = -N \sum_{1}^{n} p_i \log_2 p_i$$

Donde:

H = medida de la información

$$\sum_{i=1}^{n}$$ = suma de todas las señales o términos (*i*) desde el primero (1) hasta el enésimo (n)

p_i = la probabilidad de cada señal *i*.

N = es el número de ocurrencias posibles

La información es proporcional al logaritmo binario de la probabilidad de cada señal del mensaje.

Cuando todas las señales de un mensaje tienen la misma probabilidad de ocurrencia, la cantidad de información de ese mensaje es máxima aporta cada signo es máxima, es decir, que la impredicibilidad de salga cada signo es máxima.

En el caso del dado la improbabilidad es también la misma para cada señal, pero al ser más signos (seis), el valor de imprevisibilidad es mayor y, por tanto, el repertorio tiene más contenido informativo (puede generar más mensajes con información).

La unidad básica cuantificable de información es el bit (contracción de binary digit).

Un bit es el valor de una elección entre dos alternativas equiprobables (el mínimo posible de alternativas).

La redundancia

Una de las maneras de asegurar la supervivencia del mensaje (es decir, de la serie de señales) frente a las interferencias y distorsiones del contexto es la de ampliar la serie de señales de manera que se repitan.

El problema añadido es que entonces o bien se incrementa el número señales del mensaje (y con ello se incrementa el coste de la transmisión) o bien se reduce la información que contiene el mensaje.

Ejemplo:

Disponemos de una serie de 6 señales para transmitir.

Si transmitimos una serie como ABCDEF, transmitimos mucha información (cada señal aporta un alto índice de novedad), pero cualquier interferencia (ruido) afecta a la integridad total del mensaje y, consecuentemente, perdemos mucha información.

Si transmitimos una serie como ABABAB, transmitimos menos información (AB), pero en cambio aumentamos las probabilidades de que el mensaje llegue íntegro a pesar de las interferencias (ruido).

Debe pues existir en toda comunicación un equilibrio entre información y redundancia: una información máxima con una redundancia mínima hacen muy probable que el mensaje se pierda; y una redundancia máxima no deja espacio para la información en el mensaje.

En este sentido puede decirse que la redundancia, aunque supone una reducción de la información, supone también una garantía de éxito de la comunicación.

La redundancia se mide mediante la fórmula:

$$R = \frac{H_0 - H}{H_0}$$

Donde la redundancia (R) equivale a la reducción informativa (HH_0) respecto a la cantidad de información que podría haberse transmitido mediante la misma cantidad de señales si todas ellas hubiesen sido igualmente probables (información máxima = H_0).

La entropía

La entropía es un concepto que procede de la termodinámica y ha sido desarrollado por Carnot, Clausius y Boltzman.

Es una medida del grado de desorden que se da entre elementos (partículas) contenidos en un sistema cerrado.

La entropía es una función siempre creciente en la naturaleza, o lo que es lo mismo, el desorden es siempre más probable que el orden y, consecuentemente, todos los sistemas evolucionan hacia el desorden.

La entropía es entonces la medida inversa de la improbabilidad de una configuración: cuanto más ordenada esté una configuración, tanto más improbable será.

La vinculación entre entropía (probabilidad=desorden creciente) e información (improbabilidad = orden decreciente) han llevado a algunos autores (Boltzmann, Brillouin, Szilard) a describir la información como medida cuantificable del orden.

Al operar como medida del orden, la noción estadística de información proporciona un referente valioso para una medida cuantificable de la complejidad de un sistema.

Para la TI la complejidad equivale a la no compresibilidad: algo complejo es algo que no se puede comprimir o resumir en un algoritmo.

En términos de información cuantificable, cuantas más señales requiera el algoritmo que "resume" un sistema, tanto más complejo será este. En otras palabras, cuanto más larga sea su descripción, tanto más complejo será.

La TI permite así elaborar una medida cuantificable de complejidad que se denomina complejidad algorítmica y que es matemáticamente equivalente al contenido informacional de un sistema: un sistema con mucha información y poca redundancia es más complejo que un sistema con poca información y mucha redundancia.

La teoría general de sistemas

Antecedentes

La idea de sistema cuenta con una larga tradición, que se remonta a los orígenes de la filosofía, la lógica y las matemáticas: en las sentencias de Aristóteles, Anaxágoras, Heráclito y muchos otros aparece ya encubierta una noción vaga de sistema como conjunto de elementos relacionados que componen un todo.

En la década de los 40, la idea de sistema se perfila como un referente común para el interés investigador de varias ciencias. En esa década, diversas ciencias (la física, la biología, la sociología, la psicología, la lingüística, etc.) perfilan la descripción de sus respectivos objetos de estudio en términos de sistema: así, la biología se ocupa de los sistemas vivos, la física de los sistemas de objetos, la psicología de los sistemas mentales y conceptuales, la sociología de los sistemas sociales, la lingüística de los sistemas lingüísticos, etc.

El biólogo y matemático Ludwig von Bertalanffy se planteó si era posible concebir una lógica de funcionamiento general para todo sistema, independientemente de su aplicación empírica. Es decir ¿funcionan de la misma manera todos los sistemas, independientemente de si son sistemas sociales, biológicos o mecánicos? ¿Qué tienen en común un sistema social, como, por ejemplo, un Estado, y un sistema mecánico, como por ejemplo, un reloj? Von Bertalanffy plantea así la necesidad de constituir una ciencia de los sistemas a la que denominará Teoría General de Sistemas (TGS).

Se propone sustituir la idea de objeto por la de sistema: las ciencias estudian sistemas y relaciones de sistemas, no objetos aislados.

La TGS propicia el encuentro entre los dos grandes modelos de sistema a los que ha recurrido el ser humano para explicar su mundo: la máquina y el organismo.

MAQUINA (SISTEMA SIMPLE)	ORGANISMO (SISTEMA COMPLEJO)
- La Función determina la Estructura - La organización procede del exterior - Las propiedades son agregadas desde fuera - El producto es independiente de la historia del sistema - Sistema abierto o sistema cerrado - Determinismo funcional	- Función y Estructura se determinan mutuamente - La organización es producto de su funcionamiento (son sistemas autoorganizados) - El producto forma parte de la historia del sistema - Emergencia/Constreñimiento de propiedades en los elementos - Sistema simultáneamente abierto y cerrado - Determinismo estructural

La TGS se perfila así como el marco teórico general en el que es posible entender otras teorías como la TI. En este sentido, puede considerarse la TI como una aplicación específica de la TGS.

En las ciencias sociales (Parsons, Luhmann, Buckley) la idea de sistema va a permitir:

-Simplificar y organizar la enorme complejidad de su objeto de estudio: la sociedad.

-Sistematizar y estructurar las teorías.

-Facilitar la aplicación práctica de las teorías.

-Desarrollar nuevas metodologías de investigación.

Consecuentemente, los estudios sobre comunicación social se van a preocupar, en primera instancia, de analizar los sistemas comunicativos que caracterizan una de las principales funciones de los sistemas sociales.

En otros términos, los estudios sobre comunicación parten de los siguientes supuestos:

a) La sociedad como un "sistema de sistemas" en el que se realizan diversas funciones interrelacionadas.

b) La comunicación como una de las principales funciones del sistema social.

El concepto de sistema funciona también como "modelo", es decir como una reproducción esquemática del objeto o fenómeno estudiado que pretende explicar y reproducir su funcionamiento. Por esta razón la idea de sistema se utiliza para el estudio de fenómenos complejos, como es el caso de los fenómenos sociales.

La comunicación, en su sentido más general, forma parte de la dinámica de interacción entre sistemas y entre sistema y entorno.

El concepto de sistema

Un sistema, en tanto que conjunto de elementos relacionados entre sí y con el medio ambiente, es un modelo de naturaleza general, esto es, una representación conceptual de ciertos caracteres más bien universales de entidades observadas.

Un sistema es un conjunto de elementos relacionados entre sí que:

a) Cumple una o varias funciones

b) Tiene una historia de variaciones de estado

c) Mantiene una relación complementaria con un entorno. La relación sistema/entorno es definitoria de los sistemas naturales.

Un sistema es un conjunto de elementos interrelacionados entre sí, cuya unidad le viene dada por los rasgos de esa interacción y cuyas propiedades son siempre diferentes de la suma de las propiedades de los elementos del conjunto.

Entorno es todo aquello que no es el sistema y que interviene necesariamente en su existencia. Entorno es también el ámbito de interacción de los sistemas. En la medida en que un sistema se relaciona con un entorno y cambia, es decir, evoluciona y tiene su propia historia, un sistema es también:

Un conjunto de estados y de transiciones entre estados.

Un sistema se define por una relación específica entre su estructura y su operación (función) que llamamos organización.

Tanto en Sociología como en CC. de la Comunicación nos interesa en particular aquella clase de sistemas que denominamos complejos.

Propiedades de los sistemas complejos

a) Apertura/clausura:

Un sistema es abierto cuando intercambia materia, energía y/o información con el entorno. El concepto de frontera o borde es clave en la definición de todo sistema o, mejor, de toda relación sistema/entorno.

Un sistema es cerrado cuando no intercambia materia, energía ni información con el entorno. En la Naturaleza no existen los sistemas cerrados. Sin embargo, cierto grado de clausura es un requisito de existencia de cualquier sistema natural. Así, en el mundo natural, la existencia del sistema depende de la complementariedad apertura/clausura.

La frontera (la piel, la membrana, o el marco, son ejemplos de fronteras) resulta así el punto donde convergen estos dos requisitos contradictorios y necesarios para el sistema: la frontera es el punto donde el sistema se cierra para diferenciar su propia organización, pero es también el punto donde se abre para interaccionar con el entorno y hacer posible con ello su organización.

b) Interacción:

En la medida en que se relaciona con el entorno y con otros sistemas, un sistema evoluciona de manera coordinada con aquéllos: se encuentra expuesto a los cambios producidos por ellos.

c) Determinismo estructural:

Los cambios afectan a la estructura de un sistema, es decir, a los elementos y relaciones que lo componen.

La estructura marca los límites y posibilidades de los cambios a que puede someterse un sistema: un sistema no puede cambiar de una forma que no sea posible para su estructura.

d) Organización:

Cuando el cambio afecta a la organización del sistema, éste deja de existir como tal. Un sistema es lo que es su organización.

e) Historia:

Cómo el sistema afronta los cambios en su entorno transformándose con ellos es lo que constituye la historia del sistema.

La propiedad que consiste en que su historia deje huella en su estructura se denomina histéresis.

La existencia del sistema depende de una complementariedad entre cambio y estabilidad.

f) Acoplamiento estructural:

La historia del sistema es la historia de los cambios de su estructura.

Cuando las "historias" (procesos de cambio) de dos sistemas se coordinan en un momento determinado, tenemos lo que hemos llamado una interacción. La relación entre oferta y demanda en los sistemas económicos de libre mercado es un buen ejemplo de interacción. Cuando se coordinan de manera que no pueden ocurrir en adelante la una sin la otra, tenemos un acoplamiento estructural. Una relación simbiótica es un ejemplo de acoplamiento estructural. Las ideas de interacción y acoplamiento estructural (en su sentido de transformación regular coordinada) se encuentran en la base de las ideas de comunicación y adaptación.

La relación sistema/entorno y la organización a través de la interacción

Debido a su utilidad en la descripción de fenómenos complejos, como es el caso de los fenómenos sociales y comunicacionales, nos interesan especialmente los sistemas que hemos llamado complejos: sistemas complementariamente abiertos/cerrados, con historia, con propiedades emergentes y que interactúan con su entorno para mantener su organización. Debido al carácter complementario de los caracteres apertura/clausura y cambio/estabilidad en los sistemas complejos, éstos no pueden ser concebidos separadamente de su entorno, como tampoco es posible concebir el entorno en el que existen sin la actividad de los sistemas complejos. El caso de las relaciones entre Naturaleza y Sociedad es un ejemplo de esta dependencia. En esos casos, sistema y entorno forman una unidad de organización: el sistema complejo se organiza a partir de las interacciones con su entorno en un proceso adaptativo (que integra orden y desorden procedentes del entorno) y transformador de ambos que hace posible la producción de orden u organización interna del sistema.

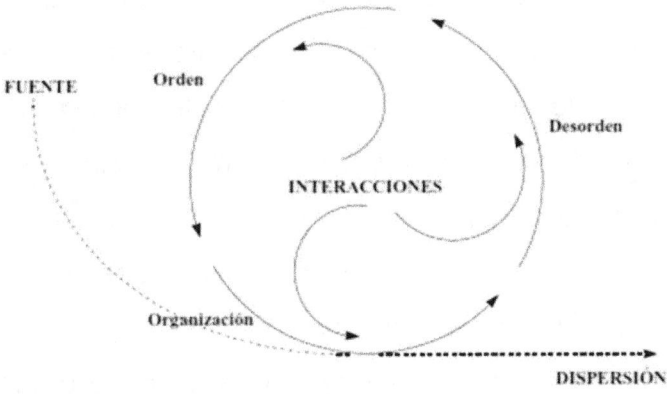

Interacción sistema/entorno y producción
de orden en los sistemas complejo

Este principio es la base de la Ecología y de nuevos enfoques en sociología. La Ecología y la Sociología son ciencias basadas en el estudio de fenómenos de relación sistema/entorno y fenómenos de interacción entre sistemas en los que se producen dinámicas de organización.

La cibernética

Antecedentes

A partir de las aportaciones de la TGS de Von Bertalanffy y la TI de Shannon y Weaver, en los años 40 se desarrolla una nueva disciplina dedicada al estudio de una clase particular de sistemas: los sistemas recursivos.

Durante la Segunda Guerra Mundial se planteó la necesidad de diseñar sistemas de disparo que fueran capaces de prever la trayectoria del blanco móvil. Esto implicaba la incorporación de un sistema corrector de trayectoria que tuviera en cuenta la posición y velocidad del disparo respecto de la posición y velocidad del blanco.

El sistema corrector de disparo es un caso particular de un grupo característico de sistemas que se diferencian porque integran los efectos de su operación en su funcionamiento. Otro caso típico es el de los termostatos.

En 1947, Norbert Wiener, W.R. Ashby y W. Rosenblueth perfilan la disciplina que recibirá el nombre de Cibernética.

La ciencia de la comunicación y el control

Wiener describe la Cibernética como "la ciencia de la comunicación y el control en el animal y en la máquina". La palabra cibernética procede del griego Kybernetes, que designaba el piloto o timonel de una nave. Platón utilizó el término para hablar del "arte del gobierno" como el arte del control.

Como ocurre en el caso de los sistemas de corrección de disparo y en los termostatos, la Cibernética se ocupa de estudiar los sistemas con causalidad circular.

Los sistemas con causalidad circular son los sistemas capaces de integrar en su funcionamiento los efectos producidos por su propio funcionamiento o, en otros términos, convierten los efectos de su funcionamiento en causas de su funcionamiento: los mecanismos de ajuste o autocorrección como el termostato, por ejemplo, implican que el sistema es capaz de "percibir" los efectos que produce y que esa "percepción" se convierte en variable de funcionamiento.

Ese carácter de causalidad circular (integrar los resultados de una operación para corregirla) introduce un matiz de autocontrol en esta clase de sistema.

Este grado de autocontrol necesita de constante transmisión de la información de unas partes a otras del sistema: el termostato "percibe" la temperatura ambiente resultante de su funcionamiento y la "traduce" a información, que permite que el sistema funcione en un sentido o en otro (activar o desactivar).

Por eso Wiener define la Cibernética como "ciencia de la comunicación y el control".

El Feed-back o retroalimentación

Este flujo circular de la información entre el sistema (la máquina o el animal) y su entorno es lo que Ashby denominó feed-back, retroalimentación, o retroacción.

Llamamos, pues, feed-back o retroalimentación al proceso por el cual los efectos producidos por una función afectan a la ejecución misma de esa función.

Existe un feed-back negativo y un feed-back positivo:

El feed-back negativo designa la tendencia del

sistema a conservar su estabilidad o equilibrio; el feed-back positivo designa la tendencia al cambio o inestabilidad.

El feed-back negativo funciona como un mecanismo de corrección: en él la información sobre el efecto sirve para corregir la diferencia o desviación entre la previsión (la "norma" del sistema) y el efecto realmente acontecido.

El feed-back positivo funciona como un mecanismo de desviación: en él la información sobre el efecto sirve para acentuar la desviación respecto de la previsión o la "norma" del sistema.

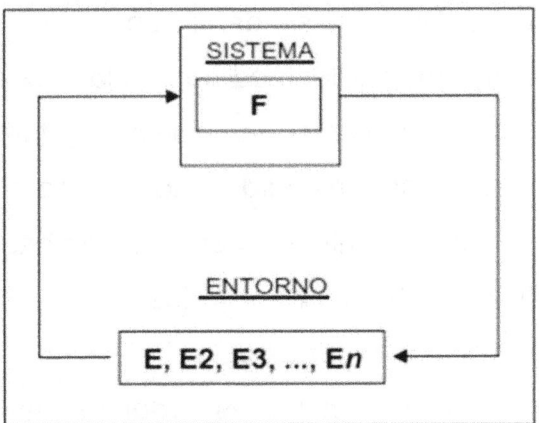

El proceso de feed-back. Un sistema s ejecuta una función f, que produce un efecto e, el cual afecta a la función f, produciendo un efecto E…, etc.

El concepto de feed-back revolucionó la psicología y la sociología: es posible entender la sociedad como un sistema que mantiene su equilibrio mediante múltiples redes de autocontrol (por ejemplo, el Estado o la organización política, la organización económica, etc.) e igualmente, es posible entender los procesos revolucionarios como procesos de retroalimentación positiva que alejan a las sociedades del equilibrio e inutilizan sus mecanismos de autocontrol. Asimismo, el control policial puede operar en unas determinadas condiciones como feed-back negativo, en tanto permite garantizar un umbral de seguridad, o como feed-back positivo, cuando el control es excesivo y desencadena reacciones y desorden.

Con la incorporación del feed-back a la sociología y la psicología, el concepto se convierte también en crucial para los estudios sobre comunicación colectiva: por definición, en el ámbito de la comunicación humana, todos los sistemas comunicativos tienen feed-back.

La comunicación humana es, además, la base de todos los sistemas de retroalimentación negativa (mantenimiento del equilibrio) de los sistemas sociales.

El papel "retroalimentador" de los medios de comunicación colectiva se convierte a partir de entonces en uno de los principales objetos de estudio de las incipientes Ciencias de la Comunicación.

Paralelamente, la incorporación del concepto de Feed-Back a la comunicación propicia una vuelta a los aspectos psicológicos, sociológicos y simbólicos de la idea de comunicación.

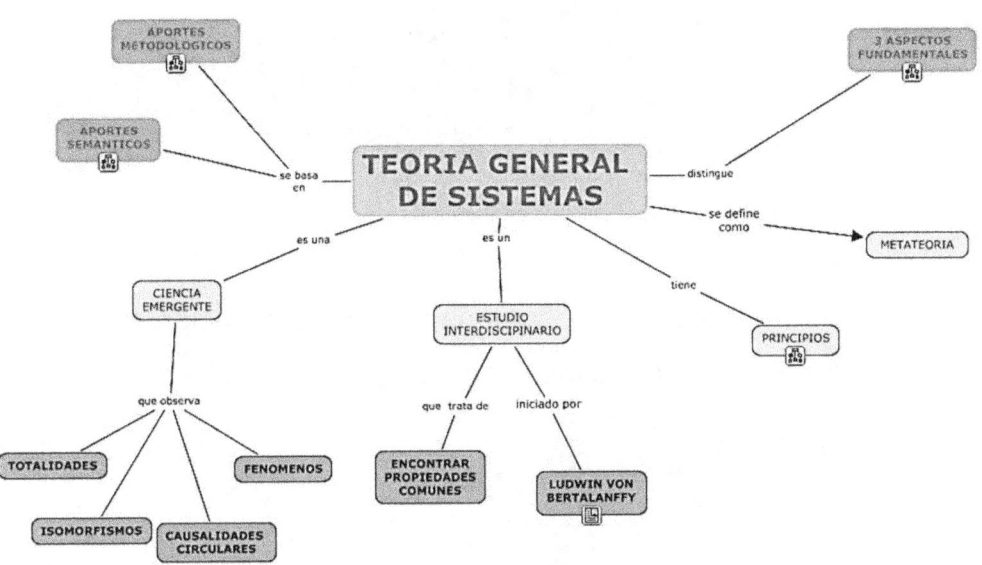

Publicidad

Orígenes

¿Cuál es el primer aviso de publicidad que se conoce?

Babilonia: año 3.000 a.C.

Tablilla de barro anunciando sobre un comerciante de ungüentos, un zapatero y un escriba.

Egipto

Papiros ofrecían recompensas por devolución de esclavos o venta de los mismos.

Grecia

Los pregoneros anunciaban la llegada de barcos.

Roma

Mercaderes de Pompeya tenían carteles de piedra de sus tiendas o anuncios pintados en muros:

"Viajero,

que vas de aquí a la duodécima torre,

allí Sarinus tiene una taberna.

Con esto te invitamos a entrar.

Adiós"

Mesoneros Franceses

Pregoneros ofrecían vinos   a grupos de personas luego de sonar un cuerno.

Carteles de Tabernas del Siglo XVII

1614. Inglaterra

Ley en Materia Publicitaria:

Se prohibieron letreros que sobresalieran + de 2.5 mts. de 1 edificio y suficientemente alto.

Fines del Siglo XV

Volantes de publicidad redactados por escribanos:

Si Quis - "Si alguien sabe…"

o "Si alguien desea…"

1438. Gutenberg inventa la imprenta.

1488. Primer anuncio en inglés. Volante.

1525. Primer anuncio en un panfleto de noticias. Alemania.

1622. Primer periódico inglés.

1625. Primer anuncio en un diario británico.

1704. Primer periódico americano con 1 anuncio.

1870 a 1900.

Ferrocarril

Se duplica la población en Estados Unidos.

Inventos como: el motor eléctrico, la electricidad, el teléfono y telégrafo, máquina de escribir, imprentas de alta velocidad, cámara de cine.

Aparecen gacetillas y revistas. Reproducción de fotografías.

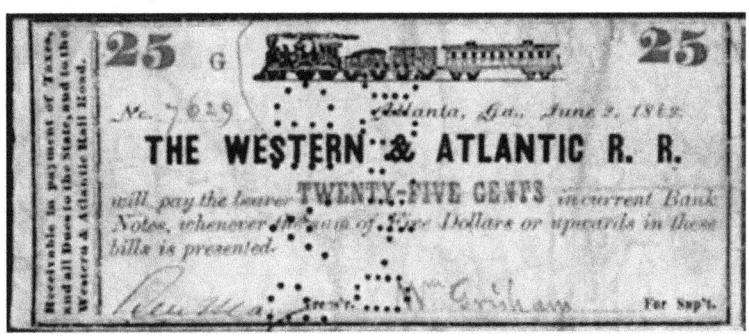

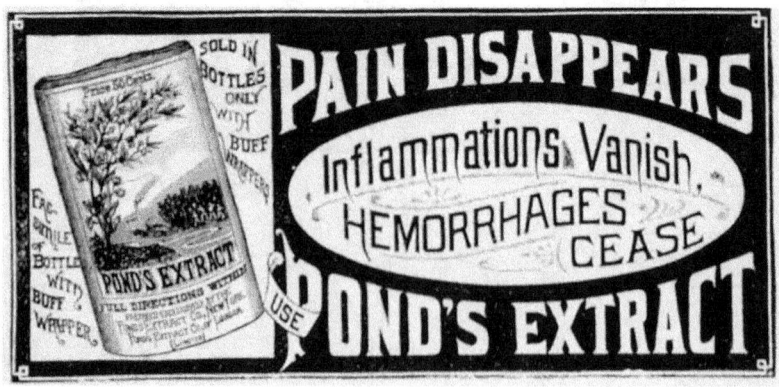

Inicios del siglo XX

1905. Clubes de publicistas. AAF

1920. Automóvil de pasajeros.

Nuevos productos: refrigerador, lavadora, rasuradora.

1930. Surge la Radio como medio publicitario.

1950 - 1975

> Ola de abundancia post-guerra.
>
> Surge la Televisión.
>
> Procesamiento electrónico de datos.

Finales del siglo XX a la fecha

1951. Primera computadora comercial.

1980. Se masifica la P.C.

1996. Se expande internet a los hogares.

Siglo XXI

> Revolución tecnológica.
>
> Híper- conexión.
>
> Boom digital – inalámbrico.
>
> Movilidad.
>
> Multifuncionalidad.
>
> Compatibilidad de sistemas de comunicación.
>
> Aislamiento vs. Participación

Glosario de términos publicitarios

A

Ad Server: Es un servidor de banners, es decir, un ordenador que recibe peticiones a las que responde enviando un banner. El servidor de banners se encarga de enviar el banner más adecuado dependiendo del tipo de usuario y de contabilizar impresiones y clics para las estadísticas.

Ad space: Es el espacio destinado a mostrar anuncios en una página web.

Ad Words: Sistema por el que se muestran unos anuncios u otros en función de las palabras de búsqueda de un visitante, que puede haber introducido en un buscador.

Alcance: El porcentaje de usuarios que finalmente se han interesado por una promoción en un tiempo determinado.

Anunciante: Persona o empresa que desea colocar sus promociones en los soportes publicitarios.

Anuncio de texto: Una publicidad que sólo tiene texto y un enlace al sitio web del anunciante.

Anuncio emergente: Un banner que se muestra en una ventana aparte o pop-up, ya aparezca esa ventana en la parte de abajo de la que estamos trabajando o por encima.

Anuncios flotantes: Anuncios que aparecen sobre la página web que se pretende visitar, de modo que simulan que están flotando en la página. Los anuncios flotantes suelen moverse por la pantalla, por lo menos un tiempo.

Autoresponder: Sistema por el que se generan mensajes de respuesta al recibir un correo en una dirección.

B

Banner: Forma típica de presentar publicidad en un sitio web. Consiste en una imagen, a veces interactiva y animada, que muestra un producto o servicio y cuyo objetivo es que el visitante pulse en ella para ampliar la información que contiene.

Banner "click-down": Un anuncio que no necesita enviar al usuario a otra página para mostrar su contenido. Cuando el usuario se sitúa sobre él o hace clic, el banner amplía su tamaño para mostrar arriba o abajo nuevos contenidos publicitarios.

Banner "click-within": Un banner que permite pulsar dentro para ampliar la información del anuncio en el mismo espacio del banner, sin necesidad de que el usuario cambie de página.

Banner ampliable: Un banner que puede ampliar el espacio de visualización en el que está mostrándose, cuando el usuario hace clic o pasa con el ratón por encima.

Banner Flash: Banner que utiliza la tecnología de Macromedia Flash para mostrarse en pantalla. Suele contener más animaciones e interactividad que los banner normales, que suelen ser un archivo GIF.

Boletín - Newsletter: Una publicación enviada por correo electrónico a los usuarios suscritos de un sitio web.

Branding: Significa generar y potenciar la imagen de marca. Cuando se coloca un banner en una página no solo se consiguen clics y ventas, sino que el anunciante está potenciando también su imagen de marca.

C

Clic: Acción de pulsar con el ratón sobre un elemento.

Click rate (CTR): También llamado ratio de conversión, es el porcentaje de impresiones de banners convertidas en clics. Suele situarse sobre el 1%, o incluso menos.

Clickthrough: Banner que se pincha y que lleva al interesado al web del anunciante.

Cookie: Del inglés galleta. Es una información que se coloca en el navegador del usuario y se Cookie: Del inglés galleta. Es una información que se coloca en el navegador del usuario y se utiliza muchas veces para definir su perfil y segmentar la publicidad.

CPA: Coste Por Acción. Es una manera de tarificar la publicidad, en función de lo que se cobra si un visitante llega a comprar algo en el sitio web del anunciante, si llega a registrarse o a solicitar más información.

CPC: Coste por clic. Manera de tarificar la publicidad que indica el precio de un clic sobre un banner, enlace o similar.

CPL: Coste por cliente potencial. Basa las tarifas en el número de clientes potenciales que ha movilizado un anuncio.

CPM: Coste Por Mil impresiones. Indica el precio que tienen mil impresiones de banners en una página web.

CPO: Coste por pedido. Se realiza una remuneración en función de los pedidos que han realizado las personas venidas a través de un anuncio.

CPS: Coste por venta, en el que se tarifica dependiendo de las ventas generadas por visitantes a través de un anuncio.

E

E-Business: Negocios que se basan en Internet como vía de desarrollo.

E-Commerce: Comercio electrónico. Todo comercio o tienda que tiene la web como canal de venta.

Email marketing: Son las campañas de publicidad que utilizan el correo electrónico como medio de difusión de la publicidad.

F

Formato: Características de la publicidad, ya sea por el aspecto físico, técnico, multimedia, etc.

Frecuencia: El número de veces que se publica un anuncio en un sitio web para un mismo usuario.

G

Gif animado: Es un formato gráfico que soporta animación y que se utiliza muy habitualmente en los banner.

H

Hit: Es cualquier solicitud de un archivo al servidor. Es una medida utilizada para brindar estadísticas que realmente no dice mucho. En una página vista se pueden contabilizar varios hits, uno por la propia página y otro por cada una de las imágenes u otros archivos que incluye.

House advertising: Autopublicidad o publicidad del propio sitio web que la está mostrando.

I

Impresión: Es la visualización de un banner. La impresión se utiliza habitualmente para definir las tarifas o contabilizar estadísticas. También hace referencia a las páginas que se han imprimido en un sitio web durante un tiempo o páginas vistas.

Integración de contenido: Anuncio que aparece integrado dentro del contenido de la página.

Intercambio de banner: También llamado banner Exchange, es una red de intercambio publicitario entre muchos sitios web. Suele haber un ratio de intercambio 1:1, 2:1, 3:2, que quiere decir que, de cada banner que muestra un sitio web, se muestran otros tantos o muchas veces menos, en otras páginas.

Intersticial: Anuncio que aparece por poco tiempo antes de que se pueda ver la página a la que el usuario estaba accediendo.

J

Joint-Venture: Acción conjunta de dos empresas para la consecución de un proyecto común.

K

Keyword: Palabra clave. Una palabra que ha introducido una persona en un buscador.

Los sitios Keyword: Palabra clave.

Una palabra que ha introducido una persona en un buscador.

Los sitios web tienen palabras clave que son las que selecciona la empresa, con las que desea ser encontrado.

L

Llamada a la acción: Son las palabras que intentan aumentar el ratio de conversión de clics con mensajes como "clic aquí", "compre ya", "inscríbase y gane".

Log: Es, en general, un registro de la actividad de un programa, servidor, cliente, etc. Para el caso particular de las páginas web, es el registro de todas las acciones del servidor web y donde quedan registradas las visitas a las páginas.

M

Meta-Tags: Son un conjunto de etiquetas que se colocan en las páginas web para ofrecer una información técnica y de clasificación de la página web, como su idioma, descripción, autor, palabras clave, etc.

Microsite: Es un sitio o página pequeña dentro de otro sitio web más grande.
Están dedicados especialmente a promocionar los productos o servicios del microsite entre los clientes del sitio más grande.

O

OPT-IN: Es una lista de distribución utilizada para enviar publicidad en la que las personas que reciben publicidad se han dado de alta voluntariamente y pueden darse de baja fácilmente y en cualquier momento.

P

Permission Marketing: Es una manera de marketing en la que se pretende conseguir que los consumidores otorguen su permiso para recibir publicidad.

Pop up on click: Es como un pop-up, pero que no se muestra por sí mismo, sino que cuando un usuario hace clic en un banner se abre el contenido en un popup.

Popdown: Es un anuncio que se muestra en una ventana aparte, pero esa ventana se queda debajo del sitio web que se está visitando, de modo que cuando se cierra la ventana del sitio web que envió la publicidad, se ve la página del anunciante.

Pop-up: Formato publicitario en el que se muestran los anuncios en una ventana aparte, que aparece sobre la ventana del sitio web que se está visitando. También llamadas ventanas secundarias o pop ups, son muy molestas para muchos usuarios.

R

Rotación dinámica: Publicación de anuncios en un mismo espacio de banner. Los anuncios van rotando, visualizándose unas veces unos u otros.

S

Segmentación: Es el proceso por el que se selecciona un conjunto de usuarios dentro de del total de visitantes de un sitio web, que tiene como objetivo ofrecer productos específicos para cada usuario con un perfil distinto. Se suele segmentar en función del país, edad, intereses, nivel económico, sexo, etc.

Seguimiento: El proceso por el cual se observa la marcha de una campaña, contabilizando todos los datos estadísticos que hagan deducir si se está realizando correctamente.

Shoskeles: Anuncio que aparece en la página y se va moviendo, a veces acompañado de sonido. Cuando termina el mensaje se convierte en un anuncio estático.

Skyscraper: Es un tipo de banner con un tamaño grande, como de 120x60, aunque puede haber ligeras variaciones de tamaño. Incluso también de orientación en lo que sería un sckyscraper horizontal.

Spam: Email no solicitado.

Spammer: Persona o empresa que envía correo electrónico no solicitado.

Sponsor: Patrocinador, persona o empresa que acuerda una colaboración con el sitio web en la que ofrece financiación a cambio de una presencia publicitaria.

Storyboard: Boceto en viñetas de un anuncio.

T

Target: Es el tipo de personas a las que se dirige una campaña de publicidad, porque les pueda interesar el producto o servicio publicitado. También son las características de las personas que visitan un sitio web.

Tráfico: Estadísticas del sitio. Hace referencia a la cantidad y el tipo de usuarios que se reciben.

V

Visita: Un acceso de una persona a un sitio web.

Visitantes únicos: Los visitantes que han accedido a un sitio web, sin contabilizar varias veces y como visitantes distintos a los que entran en la página varias veces. Es el número de usuarios reales de un web, que será menor que el número de visitas.

Fundamentos de la publicidad

La publicidad como proceso de comunicación

La publicidad es una de las actividades que pueden desarrollarse en las distintas organizaciones para comunicarse con el exterior de estas. De ahí que pueda adaptarse el proceso comunicación a la publicidad, donde el emisor sería el anunciante, el mensaje el anuncio, el medio los medios masivos y el receptor el público objetivo. Además aparecería la figura de la agencia de publicidad que proporciona distintos servicios, como aspectos relacionados con la codificación y descodificación de mensajes, las interferencias de la comunicación y el control de los efectos de la publicidad.

Objetivos de la publicidad

En las empresas

Se resumen en fomentar una imagen o conseguir ventas

En las asociaciones

En las administraciones públicas

- Dar a conocer un producto/marca

- Favorecer la prueba de un nuevo producto

- Intensificar el consumo

- Mantener la preferencia por la marca

- Favorecer la distribución

- Introducir una línea de productos

- Crear, mantener o mejorar la imagen

- Modificar hábitos, costumbres y actitudes

- Contrarrestrar las acciones de la competencia

- Captar nuevos clientes

- Incrementar la notoriedad/conocimiento de la marca

- Dar a conocer la entidad

- Dar a conocer determinadas características de la entidad

- Modificar hábitos y costumbres sociales

- Crear, mantener o mejorar la imagen

- Localizar nuevos miembros

- Obtener fondos

- Conseguir donaciones económicas

- Sensibilizar a la población

- Informar

- Favorecer el conocimiento de las leyes

- Modificar comportamientos

- Modificar actitudes

- Crear, mantener o mejorar la imagen

- Destacar la existencia o notoriedad de una institución

¿Comunicación o marketing?

La publicidad es comunicación al servicio del marketing: una de las posibilidades de la empresa para comunicarse con el mercado y apoyar los servicios del marketing, entendiéndose este como el conjunto de actividades dirigidas a facilitar o realizar intercambios. Entonces la empresa hará publicidad cuando necesite comunicar quién es y cuál es su oferta. En general el marketing, la comunicación y la publicidad tratan de ofrecer "el producto oportuno, en el momento oportuno, al cliente oportuno, con el argumento oportuno", o sea, lograr que otras personas acepten algo, para lo cual se utiliza la persuasión. El marketing traduce los objetivos de la empresa en cuatro competencias de las que es responsable: producto, precio, distribución y comunicación (las cuatro pes del marketing mix). Por último añadir que a lo largo de la historia han condicionado la actividad del marketing y el papel de la publicidad cinco etapas de gestión empresarial:

Etapa de producción: el mercado absorbe la oferta y el consumidor conoce las posibilidades ofrecidas y suele actuar según el precio.

Etapa de producto: crece el número de productos y las diferencias entre ellos, haciendo que se clasifiquen según su calidad.

Etapa de venta: la oferta es superior a la demanda y las empresas deben estimular la venta de productos para equilibrar su actividad.

Etapa del consumidor: se investigan las necesidades y deseos del consumidor para así diseñar ofertas más ajustadas.

Etapa de la responsabilidad social: la empresa se conciencia de su responsabilidad social y se preocupa por la ética y el bienestar general.

Una empresa debe elaborar buenos productos pero además tiene que saber contarlo: la publicidad trabaja para presentar el producto de una manera especial y actuar así sobre la actitud y el comportamiento de las personas. El primer paso sería estudiar las características del producto y asociarle un valor, que después contaremos de forma clara y atractiva para lograr posicionarlo en la mente del consumidor.

Pero el consumo no es solo una transacción económica, sino que también es un acto social: los individuos tienen grupos de pertenencia y de aspiración, de los que se sienten parte y de los que les gustaría formar parte, además de grupos de referencia que les influyen. Cada grupo tiene sus signos de identidad, y si quieres ser aceptado por uno tienes que utilizarlos. Y es aquí donde intervienen la publicidad y el marketing: muchos de esos signos de identidad pueden ser adquiridos mediante una transacción comercial.

Concepto y características de la marca

La marca es el nombre, símbolo o diseño asignado a un producto o servicio que lo da a conocer, lo identifica y lo diferencia de la competencia, garantiza su calidad y asegura su mejora. En la actualidad la marca es un activo financiero, o sea, que tiene valor económico.

A diferencia del producto (lo que el fabricante fábrica o distribuye), la marca es lo que los consumidores compran, yendo más allá de la materialidad del producto, pero para que hablemos de marca debe existir una asociación ente el producto y el valor elegido y el producto debe responder a lo que promete. La marca es:

• Notoriedad: una marca desconocida es una marca sin valor. La notoriedad se adquiere con publicidad, calidad y tiempo.

• Valor de referencia: favorece la identificación y la comparación.

• Firma: es símbolo de garantía y responsabilidad.

• Seguro: obliga al fabricante a mejorarlo día a día.

Identidad de la marca

La identidad de marca es la realidad material de la marca, aquello por lo que el emisor identifica y diferencia sus productos: el nombre o fonotipo (identidad verbal), logotipo (representación gráfica del nombre, forma parte de la identidad visual) y grafismos (dibujos, colores que completan la identidad visual).

Características del nombre

–   Brevedad: Flex, Kas, Bic.

–   Fácil lectura y pronunciación: evitar Volkswagen, Schweppes.

–   Eufonía: debe ser agradable al oído.

- Memorización: Cruz Roja.

- Asociación y evocación: esto no significa describir el producto, pues la marca solo debe distinguirlo.

- Distinción.

- Aplicable a nivel internacional.

- Adaptación al envasado o rotulación y a cualquier soporte publicitario.

- Sintonización con el público.

- Protegido por la Ley.

Cómo crear nombres

Analogía: basado en la similitud o semejanza. Orangina, Fuitopía.

Extrañeza, contraste y originalidad: Schweppes.

Evocación: basado en sugerir emociones, valores y significaciones.

Amplificación: valorar la marca de forma superlativa. Royal, Champion, Titán.

Confiabilidad: Durex, Sveltesse, Mapfre Vida.

Combinatoria: combinación de fragmentos de nombres, letras, números, onomatopeyas: 3M, ZZ-Paff.

Listing y Matriz: utilizar matrices a partir de las letras del alfabeto. XS de Paco Rabanne.

Brainstorming: realizar una lluvia de ideas y elegir el nombre realizando un análisis.

Denominación simbólica: de origen literario, mitológico o animal. Pegaso, Seguros Fénix,

Pastas Gallo.

Denominación patronímica: Louis Vuitton, Lacoste, Johnson & Johnson.

Denominación toponímica: Banco Santander, Viñas del Vero.

Anagramas: combinación de letras o sílabas sacadas del conjunto de palabras que designan una empresa. RENFE, UNICEF.

Siglas: secuencia de iniciales que habría que deletrear: IBM, KLM, RTVE.

Iniciales: forma mínima de identidad verbal. La D de Dupont, la T de Talbot.

Monogramas: palabra que no se lee literalmente, ya que sus letras forman parte de otras:

Louis Vuiton, Ives Saint Laurent, Loewe.

Registro de la Propiedad intelectual

El Registro de la Propiedad Intelectual es aquel organismo que se ocupa de proteger distintas manifestaciones de propiedad intelectual: patentes, diseños industriales, signos distintivos (marcas, nombres comerciales y rótulos de establecimientos).

Patente de invención: protección por 20 años a aquellas creaciones industriales que presenten novedad a nivel mundial.

Modelo de utilidad: protección por 10 años a aquellas innovaciones nacionales que afectan a la forma de cualquier objeto.

Modelo industrial: protección por 10 años a la forma por la forma, la apariencia, la estética de un producto industrial tridimensional.

Dibujo industrial: protección al conjunto de líneas y colores aplicables con un fin comercial a la ornamentación de un producto.

Marca Registrada: signo o medio material que señale y distinga los productos que se encuentren inscritos en el Registro de marca.

Nomenclador de marcas: clasificación internacional de ByS que se puede aplicar a las marcas de fábrica y de comercio.

Marcas de Cobertura: las registradas en todas o en diferentes clasificaciones del Nomenclador de Marcas, para protegerse de terceros que quieran aprovecharse de la notoriedad de dicha marca.

Registro Internacional de Marcas: en Ginebra se recogen los acuerdos internacionales de Propiedad Industrial, consiguiendo protección en cada uno de los países contratados.

Estrategia de marcas

Marcas de fábrica:

1. Marcas únicas o marca sombrilla: cobijan bajo un mismo nombre todas las líneas de productos de una empresa. Poseen un efecto sinérgico (reducen presupuestos de comunicación) y ayudan a la introducción de nuevos productos en los mercados.

2. Marcas derivadas: asocian una parte común de la marca con características específicas de cada producto. Dior, Diorella, Diorísimo, Knorr-sopa de ave, Knorr-sopa de fideos.

3. Marcas mixtas: utilizan nombre + apellido (Seat Ibiza, Seat Altea), apoyo del nombre de la empresa (café Bonka de Nestlé) y la asociación publicitaria (emplea marcas individuales para sus productos, pero

buscando la asociación de estos con la empresa madre).

4. Marcas individuales: utilizar marcas distintas para las distintas gamas de productos de una empresa. Es especialmente interesante cuando los productos, la calidad, los mercados y los canales de distribución son muy diferentes. No existe efecto sinérgico así que habría que invertir más en marketing, aunque una desafortunada acción comunicativa de una marca no influirá en el resto. GM: Cadillac, Opel.

5. Marcas múltiples: es una versión de las marcas individuales, pero que actúan en un único mercado: se utilizan distintas marcas pero dentro de una misma línea de productos, vendiéndose lo mismo con distintos nombres. Puede producir el fenómeno denominado canibalismo (una marca quita mercado a otras marcas de la misma empresa, en vez de quitárselo a la competencia).

Marcas de distribución

1. Marca privada: se trata de las marcas del propio distribuidor (sobre todo de bienes de gran consumo), que solo se venden en sus tiendas. Suelen tener precios de venta inferiores, ubicarse en los mejores

lugares e incrementar la fidelidad y prestigio del establecimiento.

2. Marca blanca o marca sin marca: no pueden ser registradas y las presentaciones son poco cuidadas y simples: contienen la denominación del producto, el nombre de la empresa fabricante y el texto exigido por las leyes.

Marca colectiva o "label" de calidad: fabricantes que no disponen de suficientes medios económicos para crear su propia marca se adhieren a una asociación que posee una señal identificativa y diferenciadora. Se da sobre todo en denominaciones de origen.

Papel comercial de la marca de fábrica:

Para el consumidor: proporcionan información, garantía, calidad y nivel de satisfacción, por lo que estarán dispuestos a pagar más. Además permiten comparar productos y responden a las necesidades psicológicas de afirmación personal y social.

Para el distribuidor: las marcas de fábrica están prevendidas por el esfuerzo comercial y comunicacional, así que no necesitan argumentaciones para su venta. Su precio es fijo, lo que deja al distribuidor un margen inferior de beneficios que los que obtendría con sus propias marcas, pero lo compensa por la rotación de existencias que le proporcionan. Además la demanda está estabilizada, previendo con más exactitud la reposición de mercancías.

Para el fabricante: la marca impone invertir en publicidad pero se convierte en prevendedora por el deseo que crea y las expectativas que promete. El fabricante está obligado a dar al producto continuidad y universalidad, le obliga a evolucionar tecnológica y socialmente, estando pendiente del mercado, de sus características y necesidades y le obliga a estar atento del precio y de los servicios pre y postventa.

3. Imagen de marca

La imagen de marca es un conjunto de percepciones, asociaciones y prejuicios que tiene el público, que crean una imagen mental de las características del producto y de los valores simbólicos atribuidos por la publicidad. Entonces, la imagen de marca es consecuencia de cómo esta se perciba: se relaciona con procesos mentales y la personalidad del consumidor, ya que el cerebro procesa la información que recibe sobre las marcas. Si la imagen de marca es positiva, añadiría auténtico valor (que sería el que justificaría el aumento del precio). Por último añadir que la personalidad de la marca debe configurarse en torno a una serie de valores:

Valores referidos a los productos: diferenciación autenticidad y credibilidad.

Valores referidos a los consumidores: autocomplacencia, autosatisfacción y auto expresión (personal y social).

Valores referidos a la comunicación: notoriedad, veracidad y persuasión.

¿Cómo se crea una marca?

Mercancía: materia prima que tiene un valor de uso del que deriva un valor de cambio.

Manzana.

Nombre: primer paso para comenzar la comercialización. Manzana "Golden".

Logosímbolo: al crear una grafía y un símbolo hacemos al nombre más memorable.

Posicionamiento: añadiendo el concepto de valorización estamos convirtiendo al producto en marca. Sabor.

Comunicación: mediante publicidad y otras técnicas.

Manzana "Golden": sabor dorado de naturaleza.

Entonces, sin diferenciación no hay marca, y sin esta no hay marketing. En la actualidad además hay que añadir el concepto de valorización, pues no hay mejores productos sino percepciones de los clientes actuales y potenciales: el campo de batalla está en la mente del consumidor.

6. Claves para conseguir una marca de éxito

Aportación de valores acordes a las expectativas del consumidor.

Ser relevante para cada audiencia en cada momento, mediante la segmentación, que consigue una oferta más a medida.

Maximizar la percepción del valor. El precio es una herramienta de captura de la percepción del valor.

Diferenciarse, ser únicos y creíbles.

Equilibrar el binomio consistencia-flexibilidad. Hay que estar al día de las tendencias y ser consistente cuando hay avalanchas de ofertas.

Optimización de la arquitectura de marca, asegurarse de la sinergia entre las marcas, que reduce costes y ayuda a mandar un mensaje común.

Hacer entendible y asumible la estrategia de marca por parte de los empleados, hacerles sentir participes pues todos representan a la marca.

Gestionar las marcas como valor seguro a largo plazo.

Integrar al consumidor en el desarrollo de las marcas, informarse acerca de sus necesidades.

Apoyar inquietudes sociales, pues le añade valor.

Concepto y formas de las que se puede desarrollar

El anunciante es el emisor que pretende actuar sobre la actitud o modificar el comportamiento de compra de los receptores por medio de una información que motive. Se trata de la persona natural o jurídica en cuyo interés se realiza la publicidad, y que puede ser una empresa, una ONG, la Administración o incluso un individuo. La actividad publicitaria se puede desarrollar de las siguientes formas:

Empresas que contratan todos los servicios a agencias de publicidad externas.

Empresas que utilizan agencias externas, pero tienen una estructura propia para determinados trabajos: típico de grandes almacenes, que crean sus propias campañas convencionales pero le encargan acciones promocionales o de merchandising a las agencias.

Agencia interna o "in house-agency": agencia creada por la empresa anunciante, como compañía independiente. Tiene dificultades para contratar a profesionales cotizados (por los niveles de retribución y por la poca proyección profesional) y sus limitaciones económicas (al tener menor volumen de negocio obtienen menos descuentos que las agencias de medios). A menudo trabaja para otros anunciantes (que no sean competencia directa), pues si no la rentabilidad sería muy baja.

Empresas con departamento de publicidad propio que proporciona servicios publicitarios plenos.

Perfil del responsable de publicidad

El responsable de publicidad puede denominarse de distintas formas: en las grandes empresas se habla de director de publicidad, mientras que en las medianas de jefes y en las pequeñas puede recibir distintos nombres (jefe, responsable, coordinador).

• Entusiasta

• Imaginativo

• Con vocación

• Con visión de futuro

• Con habilidad de comunicarse

• Formado y formándose

• Organizado

• Sensible

• Que esté al tanto de los avances

• Con dotes de mando

• Con conocimiento de la realidad

Ubicación del departamento de publicidad en el organigrama de la empresa

• Empresa en la que las funciones de marketing están integradas en departamentos independientes:

Dirección general:

Dpto. producción: líneas de productos, investigación y distribución.

Dpto. financiero: control y administración.

Dpto. personal: selección y formación.

Dpto. comercial: ventas.

Dpto. publicidad: publicidad, promoción y RR.PP.

• Empresa que empieza a incorporar la filosofía del marketing: se potencia el departamento comercial.

Dirección general:

Dpto. producción: líneas de productos y distribución.

Dpto. financiero: administración, contabilidad y personal.

Dpto. comercial: ventas, formación y selección, investigación, control, publicidad, promoción, planificación y previsiones.

• Empresa que ha adoptado plenamente la filosofía del marketing:

Dirección general:

Dpto. producción.

Dpto. financiero.

Dpto. administración.

Dpto. marketing: ventas (formación y selección, organización, distribución y promoción) y planificación (investigación, línea de producto, control, publicidad y previsiones).

Estructura del departamento de publicidad

• Actividad publicitaria sencilla: el departamento se concibe jerárquicamente al mismo nivel que el de ventas.

• Actividad publicitaria media: el departamento goza de mayor autonomía aunque sigue dependiendo del departamento comercial. Sus actividades se agrupan en varias secciones: investigación, estudio, secretaría y administración.

• Actividad publicitaria compleja: el departamento dependerá directamente del director general, aunque sigue manteniendo relaciones con el departamento comercial para la consecución de objetivos. El departamento se divide por productos o marcas, cada uno con su "product manager".

Funciones del departamento de publicidad de una empresa

Básicamente son analizar, planificar, ejecutar y controlar la comunicación de la empresa.

Pero también:

•Planificar, dirigir y controlar la actividad comunicacional y publicitaria.

• Determinar los objetivos publicitarios.

• Controlar el presupuesto.

Estructurar el departamento

• Definir la política de elección de agencias.

• Mantener contacto con los representantes de los canales de comunicación.

• Informarse de las acciones publicitarias de la competencia.

• Evaluar los resultados de la comunicación publicitaria.

• Interpretar las tendencias de creación de mensajes publicitarios.

• Proveer al equipo de ventas.

• Asumir funciones de RRPP o contactar con empresas especializadas si no hay un departamento específico.

• Establecer una relación positiva con la agencia o colaboradores: mantenerles informados y comunicados, potenciar la contribución de la agencia en la solución de problemas, estimular el talento creativo, evaluar sus servicios, exigir una actitud de crítica y mantener respeto mutuo).

Presupuesto publicitario

El presupuesto publicitario es la previsión cuantitativa de los recursos financieros destinados a la actividad publicitaria, en un período de tiempo determinado, con el fin de alcanzar unos objetivos fijados.

• Contenido de un presupuesto publicitario:

Lo que debe aparecer: espacios pagados en los medios (prensa, TV, PLV), gastos técnicos (producción de TV, diseño, fotografía), administración (salarios, gastos de viaje, alquileres).

Lo que puede aparecer: muestras, exposiciones, primas, estudios publicitarios.

Lo que no debe aparecer: obras de beneficencia, fabricación de envases, películas de información para vendedores, descuentos, actos de RR.PP.

• Métodos para elaborar un presupuesto publicitario:

Fijación arbitraria: es la peor forma de hacerlo, ya que no justifica la razón de la cifra ni considera los objetivos a alcanzar.

Porcentaje sobre la cifra de ventas del período anterior: no muy recomendable puesto que si se producen bajadas de ventas al año siguiente el presupuesto se reducirá, no dejando a la publicidad frenar el ciclo negativo y reactivar las ventas.

Porcentaje sobre la cifra de ventas previstas: según lo que se invierta en publicidad se estima unas ventas.

Fijación por unidad vendida o por vender: supone que el efecto de la publicidad en las ventas es proporcional y constante.

Método de actualización del presupuesto: actualizarlo en base al IPC y añadirle algún retoque en base al desarrollo de las ventas previstos para un periodo.

Método de la paridad competitiva: establecer un presupuesto orientándose en el que tiene la competencia.

Fijación según los objetivos publicitarios: es la mejor forma de hacerlo, pues depende de los objetivos de comunicación fijados.

El entorno publicitario

Los responsables de publicidad necesitan conocer el entorno donde trabajan las empresas para poder adaptar las campañas a cada situación concreta. La investigación se centra en factores externos e internos:

• Factores externos: elementos no controlables, divididos en macroambiente (demografía, economía, tecnología, medioambiente y factores sociales, culturales y políticos) y microambiente (competidores, proveedores, intermediarios, consumidores).

• Factores internos: elementos controlables, divididos en factores del marketing (producto, precio, distribución y comunicación) y factores ajenos al marketing (dirección, producción, finanzas, personal, adaptación, control o imagen).

Tipos de publicidad según el anunciante
• Publicidad de empresas:

Publicidad individual: de una sola empresa.

Publicidad conjunta o cobranding: de dos o más empresas de distintos sectores.

Publicidad colectiva: representa los intereses de un sector.

Publicidad genérica: para favorecer a una categoría de producto, sin que aparezcan marcas.

Publicidad de asociaciones, fundaciones u ONG:
Publicidad con fines propios: para conseguir fondos o hacer llegar un mensaje sobre su actividad.

Publicidad social: para difundir comportamientos beneficiosos para la comunidad.

• Publicidad de la Administración:

Publicidad de información al ciudadano.

Publicidad social: para difundir comportamientos beneficiosos para la comunidad.

Publicidad autóctona: trata de difundir una región, en virtud de sus lugares de interés o productos más atractivos.

• Publicidad de particulares: suelen ser anuncios por palabras colocados en los medios gráficos para hacer llegar su oferta de compra/venta.

Agencias de medios

Las agencias de medios son agencias especializadas en la difusión de campañas y en ejecutar un plan de medios.

Es un intermediario que surge para ofrecer sus servicios a anunciantes y agencias, y cuyo interlocutor fijo son los medios de comunicación.

Surgen para:

• Eliminar pasos innecesarios en la relación anunciante-medios.

• Proporcionar un servicio de medios más especializado.

• Negociar con los medios, obteniendo mayores ventajas.

Hay tres tipos de agencias: las que solo compran el espacio en los medios, las que también planifican y las que además prestan servicio de investigación.

Las agencias de medios no deberían confundirse con los exclusivistas: empresas que llegan a acuerdos de exclusividad con determinados medios para ocuparse de la venta de su espacio publicitario: cualquier anunciante, agencia de publicidad o de medios deberá dirigirse al exclusivista si quiere colocar anuncios en esos medios.

Por último añadir que las agencias pueden ofrecer servicios de gestión de medios (reserva, compra y envío de comprobantes de aparición en los medios contratados, por los que la agencia de medios cobre un porcentaje de la inversión total) y servicios complementarios (asesoría de planificación e investigación, por los que la agencia cobra unas cantidades presupuestadas previamente).

Las agencias de medios pueden ofrecer descuentos a los anunciantes: "descuento de agencia" según el importe bruto facturado o "descuento por facturación acumulada" o "rappel", a final de año.

Agencia de publicidad

Concepto y tipos de agencias publicitarias

La agencia de publicidad es aquella empresa que se dedica a crear, preparar, programar o ejecutar publicidad por cuenta de un anunciante. Los distintos tipos de agencia son los siguientes:

• Agencias de servicios plenos: aquellas que ofrecen un amplio abanico de servicios (creatividad, producción de anuncios, su distribución, compra de medios, planificación de medios o investigación de mercado).

• Agencias de servicios especializados o boutiques creativas: aquellas que se especializan en servicios como la creatividad, consultoría de comunicación, exclusivas publicitarias o compra de medios.

• Agencias internas: aquellas que pertenecen a los propios anunciantes, y que surgen debido a los importantes ingresos que puede tener la agencia interna con los presupuestos de la empresa, por una mayor garantía de discreción en las estrategias el anunciante o una mayor rapidez en las relaciones.

• Otras agencias: aquellas especializadas en publicidad en Internet, marketing directo, promocional o telefónico, patrocinio, RR.PP., congresos o eventos.

Departamentos de la agencia de publicidad

• Departamento creativo: formado por un director creativo del que dependen directores de arte, redactores de textos (copies) y productores, se encarga de recibir el briefing del anunciante, crear una idea, una expresión audiovisual y redactar los textos, para que el cliente apruebe el anuncio preliminar, a partir del cual se creará el anuncio final a través de la producción o realización.

• Departamento de cuentas o de servicio al cliente: formado por un director de cuentas del que dependen ejecutivos de cuentas, se encarga de la relación entre la agencia y el anunciante: desde la entrega del briefing al departamento creativo, la coordinación de creatividad, investigación y planificación, presentación del anuncio preliminar y definitivo, hasta dar instrucciones de facturación al departamento financiero.

• Departamento de medios: formado por un director de medios del que dependen el director de planificación y el director de compras de medios, se encarga de la planificación de medios y la compra de medios: tras obtener información sobre difusión, audiencia y tarifas, se encarga de contratar los medios y controlar las apariciones en los medios. Con el auge de las agencias de medios, estos departamentos están desapareciendo.

• Departamento de investigación: formado por un director de investigación del que depende algún investigador junior, se encarga de proporcionar a los demás departamentos información con la que poder elegir con criterio la estrategia, la creatividad y el plan de medios óptimo para el cliente.

Departamento financiero y administrativo: formado por un director financiero-administrativo del que dependen los servicios de contabilidad, tesorería y personal, se encarga de las funciones financiera, administrativa y de recursos humanos.

• Departamento de tráfico: encargado de la coordinación y el control de los trabajos de los diferentes departamentos.

• Departamento de new business: encargado de la búsqueda de nuevas oportunidades y clientes para la agencia.

Tipos de remuneración de la agencia de publicidad

• Comisiones: las ganancias en porcentaje sobre la inversión del anunciante en los medios han dejado de ser la forma preferida de remuneración por el gran número de inconvenientes. Surge el concepto de rappel o prima de producción.

• Honorarios: cantidad establecida por los servicios a prestar. Si el alcance fuera mayor, también se ampliarían los honorarios.

• Sistema mixto: se pacta una comisión y se establece una remuneración variable.

Las agencias de medios o centrales de compra

• Compra y venta de espacios y tiempo: al concentrar un gran volumen de compras consiguen condiciones ventajosas (descuentos, inserciones gratuitas). Una vez comprados los espacios, se lo venden a las agencias de publicidad y a los anunciantes.

• Investigación: realizan estudios que les aportan información que utilizarán para la planificación y estrategia de medios. También realizan investigación en torno a los consumidores.

• Planificación de medios: una vez hecha la investigación las agencias de medios realizan la planificación de las campañas encargadas por anunciantes y agencias.

• Coordinación administrativa y financiera: tiene funciones de preparación de documentación administrativa, simplificación de la facturación, unificación de pegos y mejora de sus condiciones, control de la ejecución de las campañas y envío de comprobantes.

Departamentos de la agencia de medios

• Departamento de compra de medios: se encarga de la reserva y compra de espacios y tiempos publicitarios.

• Departamento de planificación de medios: se encarga de preparar los planes de medios a partir del briefing recibido.

• Departamento de investigación de medios: se encarga de coordinar las investigaciones de medios necesarias para la planificación.

• Departamento de informática: se encarga de la asistencia técnica para la planificación de medios a través del desarrollo de programas que faciliten la realización de los planes de medios.

• Departamento de financiación y administración: se encarga de tareas como la organización del personal, control o tráfico y gestión financiera.

Normas básicas para el proceso de selección de agencias

• Equidad: igualdad de trato y de oportunidades, sin dar información privilegiada.

• Confidencialidad: la agencia respetará el carácter confidencial de la información que le da el anunciante.

• Propiedad intelectual: el anunciante no utilizará las ideas de las agencias no seleccionadas, y si lo hace tendrá que llegar a acuerdos.

• Compromiso: debe haber una voluntad de establecer una relación a medio-largo plazo, habiendo mayor estabilidad y eficacia.

• Reconocimiento: el trabajo de la agencia debe ser remunerado.

Pasos a seguir para seleccionar una agencia

• Definición del perfil de agencia: definición clara de las características básicas buscadas de la agencia.

• Análisis del mercado: se realizará un análisis de datos objetivos (lista larga), según el cual se definan las agencias (diez-quince) que cubran las necesidades reflejadas en el perfil de agencia, y luego se realizará un análisis cualitativo (lista corta), por el que se profundizará en sus trabajos y éxitos y tratará de conocer la realidad actualizada de las agencias, obteniendo ente 3-6 agencias.

• Selección:

Elección directa: elegir "a dedo" con qué empresa prefiere trabajar.

Presentación personalizada: solicitar presentaciones a varias agencias, contándoles quienes son, cuáles son sus filosofías, oficinas, situación en los rankings de agencias... Es una tarjeta de visita para conocer a cada agencia.

Concurso: en él las agencias (3-4) proponen sus trabajos, para lo que primero habría que aclarar qué nivel de acabado quieren. Por último recordar que las empresas públicas están obligadas a presentar concursos, y que estos deberían remunerar a las agencias con al menos 3000 €.

Designación de la casa matriz: suele ser una agencia de publicidad también multinacional.

Briefing

Las agencias de publicidad trabajan por medio del briefing que la empresa anunciante les envía. Este debe ser un resumen sintético, eficaz, claro y breve de información. Un buen briefing está compuesto por:

• Anunciante y ByS: proporcionar datos sobre la compañía y el producto, así como de la competencia.

• Objetivos de la campaña: definir si es un lanzamiento, reposicionamiento o una campaña de refuerzo.

• Describir al público objetivo: en cuanto a la demografía, hábitos, conductas y percepciones de la marca.

• Posicionamiento deseado: definir cómo debería percibir el consumidor el producto anunciado.

• Mensajes prioritarios: lista de mensajes que se han de comunicar por orden de prioridad.

• Timing, planificación y presupuesto: incluir un calendario de producción, decir si está dirigida sólo a los medios o también incluye marketing directo, promoción.

• Responsabilidades: indicar el nombre del contacto del cliente y su disponibilidad.

• Aspectos legales, sociales y otros datos: indicar si la campaña debe prever consideraciones legales, si hay sensibilidades culturales con el producto o incluir éxitos y fracasos en esa categoría de productos.

• Información adicional de interés: deberá incluir cualquier información que pueda ser relevante para el trabajo de la agencia.

Los medios publicitarios

Concepto y tipos de medios publicitarios

Los medios publicitarios son aquellos canales de comunicación a través de los cuales se transmiten los mensajes publicitarios. Se dividen en:

• Convencionales: prensa, radio, televisión, cine, exterior e Internet.

• No convencionales o below the line: marketing directo, PLV, ferias, patrocinios, regalos, promociones y RR.PP.

Diarios y suplementos

Los diarios son aquella prensa de periodicidad diaria especializada en la difusión de noticias, que dependiendo de la especialización pueden ser de información general, de deportes o de economía. Además, el carácter puede ser nacional, regional y local, y aunque intenten negarlo suelen estar vinculados a diferentes tendencias políticas. Por último destacar que es el medio más respetado.

Los suplementos son las publicaciones especiales que se publican junto con los diarios, siendo los dominicales los principales. La publicación básica del suplemento es el "colorín": cuando se edita en forma de revista, lo que otorga mayores oportunidades para los anunciantes.

Características de los diarios como medios publicitarios
- Selectividad geográfica.
- Flexibilidad de espacio.
- Flexibilidad temporal de contratación.
- Facilidad para realizar publicidad mancomunada.

Formas publicitarias en los diarios:
- Limitada difusión y audiencia.
- Permanencia reducida.
- Escasa selectividad demográfica.
- Limitada calidad del soporte.
- Anuncios preferentes: ocupan toda o gran parte de la página, destacan sobre los demás.
- Anuncios generales: más pequeños que los preferentes.

- Clasificados: agrupados por criterios alfabéticos o por actividades.

- Anuncios por palabras: los más pequeños.

- Comunicados o remitidos: publicidad de carácter redaccional que se confunden con las secciones de la publicación.

- Encartes: comunicaciones de tipo gráfico, sonoro o visual en forma de folletos y desplegables que van pegados a las publicaciones.

Revistas

Las revistas son aquellas publicaciones de carácter periódico (normalmente semanal) de temarios muy heterogéneos, que en ocasiones solo pueden conseguirse previa subscripción (sobre todo revistas especializadas).

Características de las revistas como medio publicitario

Cierta selectividad demográfica: títulos especializados en públicos masculinos y femeninos, para profesionales o según el nivel económico.

Flexibilidad de espacio.

Calidad del soporte.

Facilidad para realizar publicidad mancomunada.

Cierta permanencia.

Limitada difusión y audiencia.

Nula selectividad geográfica.

Formas publicitarias en las revistas: son las mismas que en los diarios, aunque predominan los anuncios a color.

Publicaciones periódicas gratuitas

Las publicaciones periódicas gratuitas son aquellas que se distribuyen gratuitamente con una periodicidad variable, y en las que en su mayoría permiten la inserción de publicidad, pudiendo provenir de administraciones públicas, colegios profesionales, partidos políticos o determinadas empresas.

• Características de las publicaciones periódicas gratuitas como medio publicitario:

- Selectividad geográfica.

- Cierta selectividad demográfica.

- Penetración elevada.

- Cierta permanencia.

- Calidad variable del soporte.

• Formas publicitarias en las publicaciones periódicas gratuitas: son las mismas que en los diarios.

Radio

La radio es el único medio que no tiene carácter visual, pero que es muy utilizado al poder combinarse con muchas ocupaciones, porque permite una rápida transmisión de noticias y porque deja participar a los oyentes. Su inconveniente es la gran atomización que lleva consigo.

• Características de la radio como medio publicitario:

- Flexibilidad temporal de contratación.

- Selectividad geográfica.

- Audiencia importante fuera del hogar.

- Facilidad para la repetición de los mensajes.

- Fugacidad de los mensajes.

- Falta de soporte visual, lo que dificulta la venta de bienes.

Formas publicitarias en la radio

- Palabras y fugas: emitidas por los locutores dentro de un programa sin que exista planificación creativa.

- Cuñas: frases preparadas acompañadas de música para la emisión dentro de los diferentes programas.

- Publireportajes: espacios de entre 2-5 minutos que describen determinadas actuaciones del anunciante, con contenido informativo.

- Microprogramas y consultorios: programas de entre 2-5 minutos en los que participa el público junto con un locutor, dentro de un esquema previamente establecido, donde hay una pequeña entrevista, participación en juegos o consultas sobre algún tema.
- Programas patrocinados: espacios permanentes de las emisoras en los que se expone el patrocinio de ellos por parte de un anunciante.

Televisión

La televisión es un medio de naturaleza audiovisual que permite recibir imágenes y sonido, lo que le proporciona un gran atractivo a los públicos y a los anunciantes, que ven en ella la mejor forma de anunciar sus productos. Ahora, con los anuncios en TV aparecen determinados problemas: zapping (cambiar de canal al aparecer anuncios), flipping (buscar programas interesantes al encender el televisor: pasan de las cadenas que están en publicidad) y zipping (quitar la publicidad de programas grabados).

• Características de la televisión como medio publicitario:

- Naturaleza audiovisual.

- Selectividad geográfica.

- Gran penetración.

- Fragmentación de audiencias.

• Formas publicitarias en la televisión:

- Amplia flexibilidad temporal y de formas publicitarias.

- Coste de producción importante.

- Elevada regulación.

- Spot: anuncio de unos 20 segundos que se emite en los intermedios de los programas.

- Publirreportaje: anuncio de unos 2 minutos, de estilo informativo, que cuenta algo relacionado con el anunciante.

- Infomercial: anuncio de una media hora en la que se describen las características de un ByS, con testimonios.

- Patrocinio: una empresa hace de patrocinador de un programa. En la actualidad está surgiendo la modalidad del bartering (realización de un programa por parte del anunciante a través de una productora en el que figura su publicidad y que entrega a la TV para su difusión).

- Sobreimpresión: textos breves que aparecen en la parte inferior de la pantalla durante la emisión de ciertos programas.

- Product placement: captación de una imagen de marca (representada por el propio producto o un anuncio), realizada de forma expresa.

Cine

El cine es un medio de comunicación masivo de carácter audiovisual destinado a servir de entretenimiento a través de la proyección de películas. A diferencia de otros medios su viabilidad económica no depende de contar o no con publicidad. Existen diferentes tipos de salas: comerciales, restringidas y circunstanciales.

• Características del cine como medio publicitario:

- Naturaleza audiovisual.

- Selectividad geográfica.

- Selectividad demográfica muy variable.

• Formas publicitarias en el cine:

- Audiencia muy reducida.

- Fuerte penetración entre la audiencia.

- Versatilidad: puede realizarse todo tipo de publicidad, no como en la TV.

- Películas: pueden tratar diversos temas, clasificados en: promoción de actividades generales de fuertes economías externas, sensibilización de la población y promoción de ByS empresariales.

- Spot o fimlet publicitario: anuncio de unos 40 segundos que se proyecta antes que la película.

- Diapositivas: formadas por filminas de carácter estático, se proyectan antes que la película

- Product placement: captación de una imagen de marca (representada por el propio producto o un anuncio), realizada de forma expresa.

Exterior

El medio exterior es exclusivo para la función publicitaria, y puede ser observado mientras la gente se encuentra fuera de sus casas.

• Características del medio exterior como medio publicitario:

- Selectividad geográfica.

- Alcance y repetición.

- Versatilidad: se puede emplazar en multitud de sitios.

- Fugacidad del mensaje.

- Escasa selectividad demográfica.

- Dificultad para evaluar la audiencia.

Formas publicitarias en exteriores

- Vallas y monopostes.

- Lonas para fachadas.

- Mobiliario urbano (marquesinas, quioscos, mupis, relojes).

- Cabinas telefónicas.

- Transporte (metro, tren, avión, taxi).

Internet

- Elementos móviles terrestres (vehículo con remolque).

- Elementos móviles aéreos (avionetas, dirigibles).

- Recintos deportivos.

Internet es un medio de comunicación masivo que, entre otras cosas por su carácter voluntario, encuentra grandes facilidades para llegar a un gran número de personas.

• Características de Internet como medio publicitario:

- Naturaleza audiovisual.

- Crecimiento de la audiencia.

- Versatilidad: posibilidad de adoptar diferentes formatos.

• Formas publicitarias en Internet:

- Banners, rascacielos, botones, faldones,

- Universalidad.

- Escasa selectividad geográfica.

- Escasa selectividad demográfica.

- Escasa regulación. Robapáginas.

- Interstitials y supersitials: formatos que aparecen entre dos páginas de contenido.

- Layers: formatos flotantes.

- Pop-up: ventana emergente.

- Pop-under ad: anuncio en página emergente.

- Enlaces.

- Patrocinios.

Planificación publicitaria

Los objetivos generales que busca cualquier empresa son la participación en el marcado y la rentabilidad. Para conseguirlos fija cuatro objetivos claves: costes, ventas, producción y calidad. Del objetivo "ventas" se encarga el departamento de marketing, que para establecer estrategias debe conocer el objetivo asignado por la empresa y saber a quién dirigirse.

Cada acción que emprenda el responsable de marketing debe estar fundamentada en datos internos y/o externos a la empresa, que además puede ser información directa (en un estudio ad hoc) o indirecta (generada con un objetivo diferente). A partir de aquí surgirá una lista de factores que obstaculizan la actividad (problemas) y otra con los factores que permitirán alcanzar los objetivos (oportunidades).

Una vez elaboradas las listas surgirán los objetivos de marketing, presentando soluciones a los problemas y explotaciones a las oportunidades. Para lograr los objetivos marcados habrá que seguir una estrategia de marketing (producto, precio, distribución y comunicación). En el área de comunicación, su responsable debe establecer el mix de comunicación y, si considera necesaria la publicidad, una estrategia publicitaria, para la cual necesitará una información que definirá en el briefing. La estrategia publicitaria consta de:

• Copy strategy: ¿Qué decir? Son las bases por las que el público preferirá nuestro producto al de la competencia.

• Estrategia creativa: ¿Cómo decirlo? Deberá concretar la estrategia de contenido (qué decir) y la estrategia de codificación (cómo decirlo).

• Estrategia de medios: ¿A través de dónde? Desarrolla la difusión del mensaje. El equipo de medios habrá desarrollado la estrategia de medios, que se materializará con el plan de medios (selección de los medios más adecuados en cuanto a la rentabilidad para cumplir los objetivos).

Además, cabe destacar que deberían adecuarse los mensajes a los medios, para una vez hecho eso crear los anuncios base (bocetos para presentar al cliente), con los que, una vez aprobados, se desarrollará la fase de realización y en la negociación para la compra de espacios publicitarios. Una vez los resultados de las evaluaciones sean favorables, se lanzará la campaña. Una vez hecho esto se controlará y evaluarán los resultados.

Briefing

El briefing es el documento que contiene toda la información necesaria para el responsable de comunicación de la empresa y para los responsables de la creación y ejecución de la campaña publicitaria. Con él se pueden clarificar las distintas políticas comerciales y se pueden definir los objetivos publicitarios de forma concreta, medible y cuantificable.   Si la agencia recibe el briefing del cliente debe valorar los datos, ampliarlos y aclararlos, crenado un contrabriefing, el cual reenviará al cliente. Si el cliente no ha elaborado el briefing, la agencia deberá solicitar toda la información precisa, ampliarla y evaluarla. Si por el contrario el cliente lo ha expresado verbalmente, deberá recogerlo por escrito y revisarlo.

Funciones del briefing

- Función operativa: guion de trabajo que permite ordenar la información, analizarla y extraer conclusiones.

- Función referencial: sirve de referencia para todos los que tienen que crear y realizar las piezas de comunicación de la campaña.

- Función persuasiva: permite a su autor defender su estrategia ante las personas que tienen la responsabilidad de su aprobación.

• Actitudes que presiden la elaboración de un briefing:

- Actitud pedagógica: todos deben entender sus contenidos y conclusiones.

- Actitud creativa: se debe seleccionar la información motivadora.

- Actitud crítica: para evitar errores, al recurrir a soluciones demasiado fáciles.

- Actitud inteligente: se debe conocer lo que se maneja, para proceder con astucia.

• Factores clave:

- Determinación del público objetivo: el target es el conjunto de personas a las que dirigimos nuestros anuncios, pudiendo distinguir ente consumidores actuales, potenciales y los que nunca serán consumidores del producto. Con una correcta determinación del público objetivo se consigue realismo, eficacia y economía. Esto se consigue mediante la segmentación de los consumidores (según criterios socio-demográficos o psicográficos).

Para determinar el target habría que conocer las motivaciones y actitudes del consumidor, las cuales definen su forma de percibir el mundo, el posicionamiento de los productos en su mente y en consecuencia las imágenes de los mismos. También sería importante saber cómo reacciona el consumidor ante la publicidad y conocer el contexto del comportamiento de compra (quién compra, dónde se compra, con qué frecuencia).

- Producto: en el briefing habría que hablar de sus atributos, plus points o ventajas diferenciales, posicionamiento mental (del producto o del consumidor), ciclo de vida, notoriedad, hábito de compra, actitud o estilo de vida.

- Competencia: las mismas preguntas que se plantean en el briefing sobre el producto habría que hacérselas a los productos de la competencia. Habría que destacar que existe una competencia de deseo, genérica, de producto y entre marcas, y que en uno de los cuestionarios del briefing habría que hacer un cuadro comparativo donde se recojan las características del producto, del de la competencia, la presencia en el punto de venta, la distribución geográfica y las características internas del competidor.

Objetivos publicitarios: en el briefing, el producto y el target suelen estar bien definidos, pero los objetivos de la campaña no corren esta suerte. Los elementos de cualquier objetivo son: intención (respuesta cualitativa), intención sobre un target, proposición de target a alcanzar (cobertura cuantitativa) y plazo de tiempo (duración de la campaña).

Existen distintos tipos de objetivos: de información (da a conocer ciertos datos, publicidad informativa), de actitudes (modifica actitudes, publicidad de imagen) y de comportamiento (modifican el comportamiento de los consumidores). Pero también podemos hacer otra clasificación de objetivos como: de introducción (para productos nuevos, modificados o para la marca nueva de un producto conocido), de educación (para educar en el consumo de un producto, de un hábito de compra), de apoyo (al canal o a una acción promocional), de activación (para activar las ventas), de prestigio.

Estrategia creativa

El desarrollo de un mensaje publicitario consta de una etapa creativa (desarrollada por la agencia de publicidad o profesionales ajenos "free-lance", tras la que mostrarán la composición, el story board o animatic o la maqueta de cuña al anunciante para su aceptación) y una etapa de producción (contratando a empresas especializadas en cada campo que se vaya a utilizar).

La estrategia creativa o copy strategy es el marco de actuación en el que se desarrolla la creatividad del mensaje publicitario.

• Elementos:

- Target.

- Objetivo del mensaje.

- Beneficio al consumidor.

• Principales corrientes creativas:

- Apoyo al beneficio.

- Situación de la competencia.

- Limitaciones de actuación.

- Unique selling proposition (USP): Rosser Reeves expuso que el mensaje debía basarse en una única propuesta vendedora, que fuera fuerte y le diferenciase. Suele basarse en la diferenciación del producto del de la competencia, lo que puede obligar a introducir modificaciones en el producto que le separase de la competencia.

- Filosofía de la imagen de marca: según David Ogilvy la marca desplaza al producto, y esta necesita una imagen, una personalidad.

- Filosofía de los valores permanentes: vincular la marca a valores o ideas de carácter imperecedero y universal (éxito, libertad, cariño). Filosofía de la star strategy: se basa en convertir a la marca en una estrella al estilo de Hollywood que todo el mundo conozca.

- Filosofía de la transgresión: salirse de las normas establecidas, para así atraer atención y romper la indiferencia hacia la publicidad.

• Estrategia general del mensaje:

- Eje del mensaje: elemento de los mecanismos de compra, comportamiento y actitudes del consumidor sobre el que puede actuar la acción publicitaria para conseguir el efecto deseado por el anunciante. Se corresponde con el beneficio que se va a aportar.

Criterios:

1. Criterio de universalidad.

2. Criterio de fuerza.

3. Criterio de inocuidad.

4. Criterio de polivalencia.

5. Criterio de originalidad.

6. Criterio de vulnerabilidad.

- Concepto de comunicación: idea que el anunciante pretende hacer llegar al público objetivo, y que evoca la satisfacción que produce el eje del mensaje en el consumidor. Puede expresarse por evocación directa (se describe la satisfacción para que no hayan distintas interpretaciones) o evocación indirecta (interpretación de la satisfacción que el anunciante quiere manifestar).

- Esquema de transmisión: conjunto de símbolos que deben transmitir con eficacia el concepto deseado por el anunciante.

• El eslogan en el mensaje publicitario:

El eslogan es la frase con la que se cierra el mensaje publicitario, que sintetiza el concepto que se quiere transmitir y que permite recordar a la marca después de la emisión del mensaje. Para que un eslogan sea efectivo debe ser fácil de recordar, de comprender y de asociar con la marca.

El manifiesto del eslogan es el contenido de este, que debe estar estrechamente vinculado al resto del esquema de transmisión del mensaje, y que puede realizarse a través de evocación directa (recoge el concepto de forma clara) o indirecta (deja espacio a posibles interpretaciones).

- Tipos de eslóganes:

1. Describen lo que la marca.

2. Describen la naturaleza o ventajas de la marca.

3. Tratan de diferenciar la marca.

4. Sugieren la utilización de la marca.

5. Tratan de ensalzar al consumidor.

6. Se apoyan en la marca principal.

7. En idiomas extranjeros.

- Doble eslogan: normalmente se utiliza en medios audiovisuales: uno se destaca oralmente y otro se visualiza. Utilización:

1. Eslogan genérico y eslogan específico.

2. Dos eslóganes específicos.

3. A través de un patrocinio.

4. A través de un acto promocional.

• Géneros publicitarios:

- Problema-solución

- Demostración

- Comparación

- Analogía

- Símbolo visual

- Presentador

• Estilos publicitarios:

- Informativo-educativo

- Emoción

- Regresivo

- Música

- Ansiedad visual

- Humor

Planificación de medios

- Trozos de vida (slice of life)

- Trozos de cine

- Música

- Humor

- Testimonial

- Fantasía

- Miedo

- Suspense diferido

- Seriada

- Referencias racionales

- Erotismo

La planificación de medios está relacionada con la selección de medios, la distribución de los recursos entre ellos y la disposición de los anuncios.

• El briefing dirigido a la planificación de medios debe contener:

- Objetivos generales

- Target

- Necesidades creativas del mensaje

- Presupuesto

- Inicio y fin de la campaña

- Naturaleza del producto y medios de la competencia

Conceptos y mediciones en la planificación de medios

- Audiencia: conjunto de personas que leen, oyen o ven la prensa, la radio y la televisión.

En ocasiones se la llama audiencia bruta para distinguirla de la audiencia útil: representada por la audiencia que pertenece al target. La duplicación de audiencias es el número de personas que están en contacto con dos soportes a la vez. La estructura de la audiencia es la distribución porcentual de la audiencia según diferentes variables.

- Cobertura: porcentaje de personas alcanzadas por un medio en relación con el total posible.

- Impactos y oportunidades de ver: el impacto es el contacto establecido entre una persona expuesta a un medio y un anuncio situado en este. La oportunidad de ver o escuchar (OTS-OTH) reflejan de forma más real lo que sucede entre la audiencia y los anuncios presentados en los medios.

- Frecuencia y cobertura efectiva: la frecuencia es el número de veces que cada persona puede ser impactada por un conjunto de soportes. Existe un nivel de frecuencia óptimo: por debajo los impactos resultan insuficientes y por encima son contraproducentes. La cobertura efectiva es la forma de ponderación del número de personas alcanzadas por unos medios determinados a partir de un nivel de exposición previamente fijado.

- Rating y cuota: el rating es el porcentaje de personas que sintonizan un programa de TV en relación con el total de personas que tienen TV, mientras que la cuota o share es el porcentaje de personas que teniendo encendido el televisor, sintonizan un canal determinado en un momento determinado.

- GPR'S y clickthrough: miden la eficacia: el GPR'S es el número de veces que el target es impactado por un anuncio, mientras que el clickthrough es el número de clics sobre un banner.

• Componentes de un plan de medios:

- Objetivos de medios.

- Estrategia de medios: adopción de las mejores alternativas de medios que podrían seguirse con el presupuesto y los objetivos determinados. Aspectos que hay que tener en cuenta:

1. Necesidades creativas de comunicación.

2. Alcance sobre el target.

3. Coste de los medios.

4. Prestigio y credibilidad del medio.

- Distribución de los anuncios en el tiempo:

1. Publicidad continua.

2. Publicidad intermitente continua.

3. Publicidad intermitente creciente.

4. Publicidad intermitente decreciente.

5. Investigación

6. Publicidad rítmica.

7. Publicidad creciente.

8. Publicidad decreciente.

Los responsables de publicidad deben, una vez emitidas las campañas, evaluar la eficacia que estas han tenido a la hora de conseguir los objetivos establecidos. La eficacia puede contemplarse en torno a tres planos:

• El mensaje en la eficacia publicitaria: la eficacia del mensaje puede determinarse antes de su difusión y después de esta. En el primer caso permite elegir el mensaje más adecuado y establecer modificaciones, la evaluación posterior permite mejorar la eficacia en campañas posteriores.

• La planificación de medios en la eficacia publicitaria: para mejorar la planificación de medios sería importante conocer empíricamente el número de contactos más conveniente con el target y la distribución de los anuncios a lo largo del tiempo de duración de la campaña.

• La campaña en la eficacia publicitaria: el control más operativo consiste en evaluar la penetración de la campaña entre el target una vez finalizó esta. Pretest publicitario: investigaciones encaminadas a evaluar los anuncios, desde su concepción inicial hasta el acabado de estos, para poder valorarlos y mejorarlos, de forma que logren alcanzar los objetivos establecidos. Su fiabilidad está en consonancia con el alcance y profundidad del mismo, y debería efectuarse con las personas a las que vaya destinado y una vez esté concluso el anuncio.

Tipos:

• Según el momento de su realización: pretest de concepto, de expresiones creativos o de anuncio acabado.

• Según las técnicas de investigación empleadas: pretest con aparatos, cualitativos o cuantitativos.

• Según el número de anuncios comprados: pretest unitarios o múltiples. Postest publicitario: investigaciones dirigidas a evaluar los efectos que producen las campañas en cualquier momento de su desarrollo o una vez finalizadas. Buscan conocer la medida en que se alcanzan los objetivos establecidos y deteriorar los resultados que la campaña tiene.

Tipos:

• Según el momento de su realización: postest puntuales o continuos (tracking).

• Según el aspecto que se pretende medir: el recuerdo, la modificación de actitudes o el comportamiento de compra.

Publicidad y eficacia publicitaria

Concepto y características de la comunicación publicitaria

La publicidad, junto con la promoción de ventas, las relaciones públicas y el Marketing directo, se integra dentro de los medios de comunicación masiva o canales de comunicación impersonales, ya que ninguno de ellos supone contacto personal entre emisor y receptor.

Resulta imposible encontrar una única definición de publicidad. Entre la multitud de definiciones que existen, de acuerdo con diferentes autores, se pueden mencionar, entre las más frecuentes, las que se comentan a continuación:

• "La publicidad es fundamentalmente persuasión, y la persuasión no es una ciencia, es un arte" (BILL BERNBACH, 1911-1982).

• "Proceso de comunicación en el que la empresa emite mensajes al entorno en que actúa a través de los medios masivos, obteniendo como resultado diferentes comportamientos de los consumidores" (RODRÍGUEZ DEL BOSQUE, DE LA BALLINA Y SANTOS, 1997).

• "Proceso específico de comunicación que, de un modo impersonal, remunerado y controlado, utiliza los medios masivos para dar a conocer un producto, servicio, idea o institución" (RODRÍGUEZ DEL BOSQUE, DE LA BALLINA Y SANTOS, 1997).

• "La publicidad es... el arte de convencer consumidores" (LUIS BASSAT, 1995).

De todas estas concepciones y definiciones de publicidad en concreto, y en general, de todas las definiciones que existen de publicidad, se pueden destacar las siguientes características:

1. Carácter impersonal, o carácter anónimo del receptor.
2. Carácter remunerado y controlado.
3. La utilización de los medios masivos proviene de la heterogeneidad del público receptor.
4. Comunicación esencialmente unilateral.
5. Coste relativo inferior al de otros medios de comunicación.
6. Multiplicidad de ámbitos de aplicación.

Estas características son comunes para toda publicidad, si bien esto no excluye el hecho de que existan diferentes tipos de publicidad y estilos de anuncios o campañas.

Objetivos de la comunicación publicitaria

La importancia de una correcta definición de objetivos publicitarios se pone de manifiesto a la hora de medir la eficacia publicitaria. Los objetivos son indispensables para poder realizar estudios de eficacia (BELLO, VÁZQUEZ Y TRESPALACIOS, 1996).

Toda campaña de publicidad debe tener sus objetivos formalmente definidos y cuantificados, tanto en términos de cifra de ventas como en términos de objetivos de comunicación. Estos han de estar en perfecta coordinación con la estrategia de marketing de la empresa, y así alcanzar las metas perseguidas.

El papel principal de este instrumento de comunicación es:

• Informar, dar a conocer la existencia del producto, servicio o idea, creando, a partir de la publicidad una demanda primaria y una buena imagen corporativa o de marca.

• Persuadir, influir en los comportamientos de los consumidores con el fin de que lo compren. Crear una demanda selectiva a través de la publicidad agresiva que provoque la preferencia de ese producto, servicio, idea.

• Recordar, o crear una demanda reforzada que asegure la fidelidad hacia un producto o marca y que proporcione la compra repetitiva.

Los objetivos publicitarios constituyen el pilar básico sobre el que se asienta la medición de la eficacia publicitaria, y reflejan la respuesta que se espera obtener del mercado, entendiendo como respuesta toda actividad mental o física del comprador suscitada por un estímulo publicitario. Estos objetivos han de estar en consonancia con los establecidos en el plan de marketing de la empresa (BEERLI Y MARTÍN, 1999). La fijación de objetivos publicitarios se considera como una de las etapas más importantes del proceso publicitario. Sin embargo, en muchas ocasiones se establecen de forma genérica e imprecisa, lo que dificulta la medición de los resultados de una campaña o anuncio porque lo que no se conoce no se puede medir. SCHULTZ, MARTIN Y BROWN (1984) distinguen tres enfoques diferentes a la hora de fijar los objetivos de una campaña publicitaria: en función de las ventas, en términos de conducta o basados en los efectos de la comunicación (BELLO, VÁZQUEZ Y TRESPALACIOS, 1996; BEERLI Y MARTÍN, 1999).

Influencia de la publicidad en el comportamiento del consumidor

La publicidad es una actividad con importantes repercusiones económicas y sociales: Como instrumento económico, la publicidad contribuye en cierta medida a la expansión de las ventas; Desde una perspectiva social, la publicidad tiene una gran utilidad por su contenido informativo que beneficia al consumidor, en particular, y a la sociedad en general, dando a conocer formas para satisfacer sus necesidades y deseos.

Componente informativa: Proporciona un mayor conocimiento a los consumidores que aprenden a través de la información suministrada.

Componente persuasiva: Persuadir es convencer, y para ello se pueden emplear principalmente tres vías: modo racional, utilizando la argumentación para persuadir; modo emocional, con el que se intenta tocar la fibra sensible de lo humano del consumidor; por último el inconsciente, mediante el cual se llega al inconsciente de los consumidores. Se trata de la publicidad subliminal.

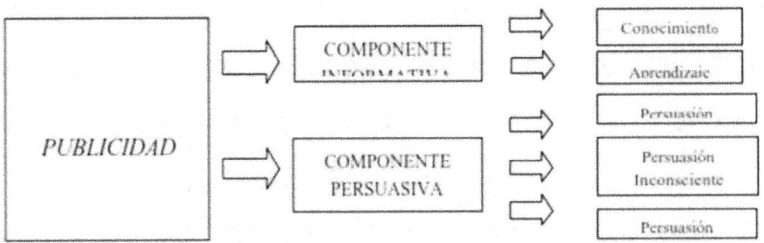

Mecanismos de actuación de la publicidad

En definitiva, de una revisión de la literatura, se puede decir que la importancia de la publicidad se resume en los siguientes aspectos: Suministra información al consumidor, posibilita la expansión de las ventas, contribuye a absorber el excedente económico, conlleva fuertes repercusiones económicas para la empresa, impulsa determinados comportamientos y costumbres sociales y por último, financia los medios de comunicación.

Una vez analizada la influencia de la publicidad en el comportamiento del consumidor, sólo resta definir y desarrollar la forma en la que toda empresa ha de llevar a cabo este proceso de comunicación, con el que pretende atraer y conquistar a los consumidores.

El proceso publicitario

Cuando una empresa quiere llevar a cabo una campaña publicitaria, ha de tener en cuenta previamente una serie de factores que inciden en ese proceso publicitario, y que se agrupan en seis categorías: a) El objeto anunciado, producto o servicio; b) El consumidor; c) La capacidad económica de la empresa anunciante; d) Las acciones de la competencia; e) La elección de la agencia de publicidad; y f) Los medios de comunicación.

En definitiva, del análisis de la literatura publicitaria, podemos concluir con las siguientes decisiones que ha de tomar la empresa a la hora de elaborar una campaña publicitaria: a) Establecer los objetivos publicitarios de la campaña; b) Determinar la población o público objetivo a quien va dirigida la campaña; c) Establecer el presupuesto publicitario; d) Diseñar la campaña y decidir la estrategia creativa; e) Desarrollar la estrategia de medios; y f) Evaluar la eficacia de la campaña publicitaria.

La evaluación de la campaña publicitaria constituye un elemento clave para determinar la eficacia del mensaje antes y después de su difusión y establecer el grado en que las inversiones publicitarias se han rentabilizado.

La eficacia publicitaria

El concepto de eficacia publicitaria, como ya se ha comentado anteriormente, se asocia a la medición de los resultados de un anuncio o campaña publicitaria. Estos resultados se definen en función de los objetivos publicitarios que se pretenda alcanzar con dicho anuncio o campaña. Existen, sin embargo, importantes divergencias sobre lo que debe ser medido cuando evaluamos el éxito de una campaña o anuncio. Existe una confusión entre los objetivos publicitarios y los objetivos comerciales. De ahí la problemática en torno al concepto de eficacia publicitaria. En este capítulo se comenta, inicialmente, la importancia de la investigación en la evaluación de estrategias publicitarias, además de las dificultades existentes para valorar la eficacia publicitaria. Posteriormente se procede a su conceptualización, definición de sus objetivos, así como a desarrollar las medidas que permiten evaluar dicha eficacia.

La investigación publicitaria. Objetivos

"Los publicitarios que ignoran la investigación son tan peligrosos como los generales que no tienen en cuenta las señales cifradas del enemigo" (OGILVY, 1984).

"La investigación publicitaria es el análisis que nos permite averiguar hasta qué punto nuestro anuncio es bueno, y qué podemos hacer para mejorarlo, en caso de encontrar defectos susceptibles de ser corregidos" (GARCÍA UCEDA, 1995).

La investigación publicitaria tiene por objeto evaluar el material publicitario, con el fin de verificar cuál es el adecuado y el eficaz para alcanzar el objetivo que nos proponemos. LUIS BASSAT (1995) dice: "Hay que contar con la investigación desde el principio, porque no sólo va a ayudarnos a corregir errores, sino que podemos llegar a evitarlos. Rectificar es de sabios, pero la investigación nos sirve en bandeja de plata algo todavía más inteligente: la oportunidad de no equivocarnos. Por cuestiones de eficacia, el buen publicitario debe olvidar su condición humana:

raramente se le permitirá tropezar dos veces con la misma piedra."

Eficacia Publicitaria. Concepto y objetivos

Para poder medir un concepto, es necesario definirlo conceptualmente primero. Y esta es la primera dificultad a la que se enfrenta el proceso de evaluación de la eficacia publicitaria: la inexistencia de una definición clara y única de lo que se considera "eficacia publicitaria" (WRIGHT-ISAK Y FABER, 1996). El concepto de eficacia publicitaria es habitualmente utilizado para medir los resultados de una campaña publicitaria o un anuncio, aunque también es frecuente relacionarlo con el mensaje publicitario y el plan de medios. Sin embargo, la utilización de este término no se ha correspondido siempre con un mismo significado, debido al confusionismo que existe en relación con cuáles son los objetivos publicitarios y cómo deben medirse sus logros. Tradicionalmente ha existido una tendencia a medirla en términos de ventas o de cambios de comportamiento del consumidor, olvidando que en la demanda y en el comportamiento del mercado intervienen, además de la publicidad, otros elementos de diferente índole tales como el precio, las promociones, las políticas comerciales de los competidores, etc. Una campaña publicitaria es eficaz en la medida en que cumple los objetivos para los cuales ha sido diseñada (BEERLI y MARTÍN, 1996).

Debido al notable incremento de las campañas publicitarias en los últimos años, la evaluación de la eficacia de la publicidad se conforma como un elemento clave para determinar si se han logrado o no los objetivos establecidos, calcular la rentabilidad de esas inversiones, y asegurar con una mayor probabilidad el éxito de campañas futuras. A continuación se comentan las principales formas de medida de la eficacia publicitaria y los criterios que se emplean para medir dicha eficacia.

Medidas de eficacia publicitaria

En función de las diferentes respuestas podemos encontrar que la eficacia publicitaria puede contemplarse desde tres perspectivas distintas (SANZ DE LA TAJADA, 1981; ESTEBAN, 1997).

• Medir la eficacia de la planificación de medios: Consiste en determinar la eficacia de los diferentes medios y soportes publicitarios para hacer llegar el mensaje a la población objetivo.

• Medir la eficacia del mensaje: Buscando la sintonía del mensaje (contenido y creatividad) con la predisposición hacia el mismo de la población objetivo.

• Medir la eficacia global de la campaña: Los efectos de una campaña dependen de los anuncios (mensajes), los medios (soportes) y del calendario de difusión de los anuncios en los medios.

Luego una publicidad será eficaz dependiendo de todas y cada una de las facetas que la constituyen, y esto dificulta a la vez el control y los indicadores de medida de la eficacia global de la campaña.

Criterios de medida de la eficacia

En consonancia con los objetivos publicitarios, su naturaleza es básicamente cuantitativa y pretenden conocer el impacto en el público objetivo en los siguientes aspectos:

• Recuerdo de la publicidad: La publicidad será más eficaz en la medida en que deje un recuerdo mayor. Puede plantearse de dos formas: Espontánea, que consiste en asociar la marca al producto y slogan, recordando su nombre sin ayuda alguna y Sugerida, que es una asociación controlada a partir de una lista de marcas que se ponen en relación con el producto.

• Notoriedad de la marca: Representa el nivel de conocimiento de la marca con referencia al producto o servicio que corresponda.

• Actitud de los consumidores: Uno de los objetivos de la publicidad es actuar sobre las actitudes de los consumidores, modificándolas favorablemente. Las modalidades más utilizadas son: Penetración del mensaje, evolución de la imagen de la marca, y preferencias entre marcas.

• Predisposición a la compra: El comportamiento de compra asociado a un objetivo de ventas permite evaluar la eficacia de la publicidad, aunque éste no sea un objetivo publicitario directo, al intervenir también el precio y la distribución del producto. La publicidad no sólo actúa incentivando las ventas, sino también aumentando el capital de imagen de la empresa.

El efecto de la publicidad sobre las ventas es, generalmente, más difícil de medir que su efecto sobre la comunicación. Además, la investigación de la eficacia de la publicidad a través de sus efectos sobre la comunicación, revela muy poco sobre su impacto en las ventas. Las ventas están influenciadas, además de por la publicidad, por las características, precio y disponibilidad del producto, así como por la estrategia de la competencia. Cuanto más controlables sean los otros factores, más fácil será medir el efecto de la publicidad sobre las ventas que, por otro lado, es más fácil de medir en situaciones de marketing directo y más difícil en la publicidad cuyo objetivo sea la imagen de marca o la imagen corporativa.

Técnicas de medición de la eficacia publicitaria

Todavía existen importantes aspectos no resueltos en la literatura académica relacionados, principalmente, con la forma de medir la eficacia de las campañas publicitarias. Existe un elevado número de técnicas: recuerdo, reconocimiento, técnicas de laboratorio, etc.- a través de las cuales se intenta medir la consecución de los objetivos de las campañas publicitarias. Sin embargo, aún carecemos de criterios objetivos que permitan determinar qué técnica es la más adecuada para, en función de los objetivos establecidos en la campaña, medir la eficacia publicitaria. En cambio, en todos los modelos establecidos en la literatura acerca de las técnicas de medición de la eficacia publicitaria subyace la existencia de una secuencia de etapas fruto de la combinación de los tres componentes de la actitud: aprender, sentir y hacer por las que han de pasar los individuos cuando son expuestos a un anuncio y que están relacionadas con las tres funciones de la publicidad: informar, crear actitudes o sentimientos hacia el objeto anunciado, y provocar una conducta o acción por parte del individuo (BEERLI Y MARTÍN, 1999). Las técnicas que pueden utilizarse para medir la eficacia de una campaña publicitaria pueden ser agrupadas atendiendo a múltiples criterios. Este conjunto de técnicas han sido agrupadas por varios autores en función de diversos criterios, entre los que se destacan los siguientes (MARTÍN y BEERLI, 1995; PERREAULT Y PETTIGREW, 1998):

1. Atendiendo al momento en que se realiza la campaña publicitaria, se distinguen las técnicas pre-test y las técnicas postest.

2. En función de la relación existente entre la técnica y el modelo de jerarquía de efectos de LAVIDGE y STEINER (1961), BERKMAN y GILSON (1987) las

clasifican en: Test de medición de la atención al mensaje, Test de comprensión del mensaje, Test de aceptación del mensaje, Test de retención del mensaje y Test de medición de la conducta de compra.

3. En función de la memoria, la actitud y el comportamiento de los individuos encuestados (DÍEZ DE CASTRO y MARTÍN ARMARIO, 1993).

Las dos primeras clasificaciones tienen el inconveniente de que resulta imposible generar grupos de técnicas totalmente excluyentes. En la mayoría de los casos, el recuerdo, el reconocimiento, o cualquier otra técnica de medición de la eficacia publicitaria, pueden normalmente ser utilizadas antes, durante y después de la campaña o con el objetivo de medir el grado de atención, comprensión o retención del mensaje por parte de los individuos.

A lo largo de este capítulo se describen más detalladamente las clasificaciones en cuanto al momento de realización, y las agrupadas según el criterio de la memoria, actitud y el comportamiento de los individuos encuestados, debido a que son las más utilizadas. Es en la tercera clasificación en la que nos vamos a basar en el estudio empírico, ya que ofrece una visión más precisa del conjunto de técnicas, al facilitar la utilización selectiva de las mismas en función del objetivo que se persigue con la investigación medir la memoria, la actitud o el comportamiento.

Atendiendo al momento en que se realiza la campaña
Las técnicas de medida de la eficacia publicitaria se pueden clasificar, atendiendo a este criterio, en técnicas pretest y técnicas postest (GARCÍA UCEDA, 1995; ESTEBAN, 1997; PERREAULT Y PETTIGREW, 1998). Se trata de un criterio de clasificación y no de dos técnicas en sí mismas. En un trabajo empírico realizado por MARTÍN SANTANA (1996), en el que se analiza el nivel de conocimiento de las técnicas de medición de la eficacia publicitaria entre los responsables de las agencias publicitarias españolas, se observa la confusión existente en cuanto a considerar como técnicas de medición al postest (52,1%) y al pretest (31,4%), cuando en realidad se trata de uno de los principales criterios de clasificación.

1. Pre-test publicitario: Constituye un conjunto de procedimientos que permiten evaluar, antes de su difusión efectiva, el valor de una campaña o de los elementos de la misma, en función de los objetivos perseguidos.

Este tipo de test nos permite prevenir posibles errores, más que prever la eficacia de la comunicación o actuación publicitaria antes de su difusión. Nos permite verificar y rectificar los errores cometidos en la fase de planificación de la campaña.

Entre los diferentes pre-test destacan los test de concepto publicitario, test de expresiones creativas y test de alternativas.

2. Post-test publicitario: Es el conjunto de técnicas o procedimientos que permiten la evaluación de la eficacia publicitaria durante o al final de la campaña.

Se refiere a cómo se ha recibido el código publicitario, y no a la respuesta dada por la audiencia. Pretenden conocer cuántas personas del público objetivo han estado en contacto con la campaña, cómo han percibido el mensaje publicitario y cuáles son sus reacciones. Los principales métodos de post-test son: El post-test en función del recuerdo, que puede ser espontáneo o sugerido; Recuerdo a las 24 horas, que trata de medir el impacto y la penetración del spot al día siguiente de su primera emisión en televisión; Post-test en función de las ventas; y Post-test en función de las actitudes, que trata de averiguar si el producto tiene la imagen deseada y que se ha planificado comunicar.

3. Test de eficacia de la publicidad: De naturaleza también cuantitativa, relacionan unas variables a explicar, los fenómenos observados en el mercado, con otras variables explicativas relacionadas con la publicidad.

En función de la memoria, actitud y comportamiento de los individuos encuestados.

Teniendo presente la actitud de los individuos hacia la publicidad, es posible agrupar estas técnicas en función de las tres principales etapas que subyacen en dicha respuesta publicitaria, y que constituyen los diferentes niveles de respuesta del comprador: la etapa cognoscitiva, la etapa afectiva y la etapa conativa. Estos tres niveles de la eficacia publicitaria han sido denominados por LAMBIN (1995) como la eficacia comunicacional o perceptiva, la eficacia psicológica y la eficacia comportamental.

Basándonos en estos criterios –memoria, actitud y comportamiento de los encuestados- la clasificación de las técnicas de medida de la eficacia publicitaria es la siguiente (DÍEZ DE CASTRO Y MARTÍN ARMARIO, 1993; BENDIXEN, 1993; GARCÍA UCEDA, 1995; MOLINER, 1996; PERREAULT Y PETTIGREW, 1998; BEERLI Y MARTÍN, 1999).

Etapa cognoscitiva

Con este tipo de técnicas se pretende medir la capacidad de los anuncios para llamar la atención, ser memorizados y transmitir el mensaje que se desea comunicar, así como analizar el grado de conocimiento y comprensión que los individuos poseen de los anuncios.

Por tanto, se consideran útiles cuando se persigue que el individuo sea consciente de la existencia del producto o marca y de los beneficios que reporta. No obstante, el hecho de que un mensaje haya sido percibido por los individuos, no implica que sea efectivo desde el punto de vista afectivo o conativo. Un mensaje perfectamente recibido, comprendido o asimilado puede ser ineficaz porque no es creíble, no provoca deseo o no se diferencia de los anuncios de la competencia.

Existen múltiples medidas cognoscitivas, que procedemos a explicar. Entre todas ellas destacan, por su mayor utilización, las medidas de notoriedad y las medidas basadas en la memoria –test de recuerdo y test de reconocimiento-.

A. Medidas fisiológicas, mecánicas o de laboratorio: Estas medidas se utilizan principalmente en los pretest publicitarios, y consisten en la utilización de una serie de aparatos que registran mecánicamente las reacciones emocionales de los individuos que son expuestos a un estímulo publicitario concreto o a partes del mismo. Luego lo que miden son las respuestas fisiológicas involuntarias que provocan en los individuos los estímulos publicitarios a los que han sido expuestos y sobre las que el sujeto y el investigador no tienen control, ya que en muchos de los casos, el sujeto no es capaz de expresar sus respuestas verbalmente debido a la dificultad que ello supone o al estado inconsciente de dichas respuestas.

Entre las medidas de carácter fisiológico más difundidas destacan los siguientes: Taquitoscopio; Psicogalvanómetro (RGP o GSR); AMO (Medición de observaciones); Cámara ocular (eye-camera) u oftalmógrafo; Pupilómetro o perceptoscopio; Electromiógrafo (EMG); Electroencefalógrafo (EEG); Diafanómetro o diafanoscopio; Magnetoscopio; Test de salivación; Test de ritmo cardíaco (EKG); Análisis del tono de voz.

B. Medidas semifisiológicas: Estas medidas se diferencian de las anteriores en que el individuo tiene pleno control para establecer su respuesta. Se utilizan, como en el caso anterior, aparatos o procedimientos para medir la respuesta de los individuos hacia los estímulos publicitarios.

Destacan, entre las medidas semifisiológicas, las siguientes: Métodos monitorizados de medición contínua, CONPAAD (Conjugately programmed analysis of advertising) y Control del tiempo de respuesta por ordenador.

C. Índices de lectura: Se trata de unos índices utilizados para evaluar la facilidad, dinamismo y comprensibilidad de la parte escrita de un anuncio (copy), y que pueden ser aplicados como pretest publicitarios: Índice Flesh, Índice de Haas y Método Cloze.

D. Medidas de notoriedad de marca Esta medidas evalúan el nivel más simple de la respuesta cognoscitiva, es decir, la toma de conciencia por parte del individuo de la existencia de un producto, marca o empresa. Resultan idónea s, según SCHULTZ, MARTIN Y BROWN (1984), en los siguientes casos: a) Para productos en fase de lanzamiento, cuyas campañas publicitarias se centran principalmente en lograr que el público objetivo tenga conocimiento de la existencia del mismo; b) Para marcas muy conocidas, en las que la función principal de la publicidad se centra en reforzar el nombre de la marca en la mente de los individuos; y c) Para productos cuya compra se realiza por impulso. Como establece GONZÁLEZ LOBO (1994), la marca mencionada en primer lugar tiene muchas más probabilidades de ser comprada que las marcas cuyos nombres hay que pensar detenidamente. Se distinguen las siguientes modalidades de medidas de notoriedad: Top of de mind, notoriedad espontánea y notoriedad sugerida.

E. Medidas basadas en la memoria: Estas medidas determinan la intensidad del impacto de un mensaje a través de la capacidad del público para recordarlo y/o reconocerlo. En otras palabras, estas medidas pretenden evaluar dos fenómenos (DÍEZ DE CASTRO Y MARTÍN ARMARIO, 1993; BENDIXEN, 1993; GARCÍA UCEDA, 1995; PERREAULT Y PETTIGREW, 1998; BEERLI Y MARTÍN, 1999): La captación de los mensajes en la primera percepción del anuncio y el grado de permanencia de esos anuncios en la memoria. Dentro de esta categoría se encuentran dos tipologías de test ampliamente conocidos, correlacionados y utilizados en el ámbito publicitario como pretest y postest:

1. Test de recuerdo: Principalmente utilizado en los medios audiovisuales, su uso se fundamenta en la creencia de que la publicidad es más eficaz en la medida en que genere un mayor recuerdo. Con independencia del procedimiento que se siga para testar los anuncios en medios audiovisuales o impresos, y aplicables tanto a pretest como postest, los principales test de recuerdo son los siguientes: DAR (Day After Recall), Recuerdo espontáneo (unaided recall), Recuerdo sugerido o ayudado (aided recall) y Recuerdo verificado (verified recall).

2. Test de reconocimiento: Principalmente utilizado en medios impresos, este tipo de test permite determinar si el individuo es capaz de reconocer el anuncio al que ha sido expuesto y, por lo tanto, determinar la capacidad del mismo para captar la atención. Existen dos modalidades diferentes de test de reconocimiento: los visuales y los verbales.

Etapa afectiva. Técnicas basadas en la manifestación de opiniones y en la observación de actitudes
Las técnicas afectivas miden la actitud que un anuncio es capaz de generar en los individuos, ya sea una nueva actitud, un cambio de la misma o un reforzamiento de la ya existente. Se aplica en aquellas campañas en las que se persigue una respuesta afectiva por parte de los individuos, que ya son conscientes de la existencia del producto o marca. Entre las diferentes técnicas de carácter afectivo, se pueden distinguir las medidas de opinión, de preferencia hacia una marca, y las de cambio de actitud o de persuasión. Destacan, por su amplia difusión y utilización, el liking, la actitud hacia el anuncio, la actitud hacia la marca y la persuasión.

A. Medidas de opinión: Son medidas muy simples que pretenden conocer directamente la opinión de los individuos sobre los anuncios sometidos al test. Destacan el Liking, que es la forma más sencilla de medir la actitud de un individuo hacia un determinado objeto (anuncio, producto, marca,...), y consiste en preguntar al encuestado si le gusta el objeto que se le muestra; y el Jurado del consumidor (consumer jury technique).

B. Medidas de actitud: Estas medidas son más sofisticadas que las de opinión, ya que intentan medir no sólo las diferentes dimensiones de los sentimientos de los individuos hacia el objeto a testar, sino también la intensidad de esos sentimientos. Destacan la actitud hacia el anuncio y la actitud hacia la marca.

C. Medidas de nivel de preferencia hacia una marca: La preferencia que manifiesta un individuo hacia una marca hace referencia a la simpatía que siente hacia la misma con relación a las restantes marcas de esa misma categoría de producto que existen en el mercado. Esta medida de eficacia publicitaria se utiliza en aquellas situaciones en las que las escasas diferencias existentes entre las ofertas del mercado, hacen de la publicidad el principal factor que ayuda a crear en el individuo una cierta preferencia por una marca determinada.

D. Medidas de persuasión del anuncio: Las medidas de persuasión determinan la capacidad del anuncio para provocar en el individuo un cambio de actitud hacia la marca anunciada. Para poder determinar ese cambio es necesario, como mínimo, hacer dos mediciones de actitud, una previa a la exposición del anuncio y otra después.

Además de medirse por los cambios de actitud, también se suele evaluar por medio de los cambios experimentados en las medidas de preferencias de marcas.

Etapa conativa. Técnicas de control basadas en el comportamiento

Este tipo de técnicas mide el comportamiento de respuesta del individuo, no sólo en términos de compra y recompra, sino también a través de su predisposición a actuar en la dirección que se desea. Por tanto, tratan de evaluar la eficacia de aquellas campañas cuyos objetivos se definen en términos de acción.

Dentro de este grupo destacan como medidas más relevantes la intencionalidad de compra, las medidas de respuesta a las actividades de marketing directo (inquiry tests) y las medidas de variaciones en las ventas:

A. Medidas de la intencionalidad de compra: Esta medida cuantifica la probabilidad de que un individuo pruebe o compre la marca anunciada en un futuro próximo, como consecuencia de su exposición al anuncio.

B. Medidas de la respuesta de los individuos a las actividades de marketing directo: Estas medidas evalúan la consecución de los objetivos de aquellas campañas que persiguen alguna conducta por parte del individuo, que no siempre tiene que coincidir con la compra del producto, y que incorporan en su diseño algún mecanismo para evaluar su éxito de forma directa, es decir, campañas de marketing directo. No presentan problemas de fiabilidad ni validez, y se distingue entre los inquiry test o direct-response counts y el test denominado split-run:

C. Medidas de las variaciones en las ventas: Resulta realmente difícil establecer una relación directa entre las ventas y la publicidad, ya que son muy escasas las situaciones reales en las que, por una parte, existe una cierta estabilidad en los diferentes factores que influyen en las ventas, y, por otra, que el efecto de la publicidad no se produce de modo retardado. No obstante, existen algunas experimentaciones al objeto de conocer la relación directa entre las ventas y la publicidad, entre las que destacan las siguientes: Experimentaciones simuladas, Compra estimulada con cupones y Split-cable testing o split-scan testing.

Existe en la literatura académica otro tipo de trabajos empíricos que han intentado expresar matemáticamente la relación existente entre la inversión publicitaria y las ventas. No obstante, y de acuerdo con DÍEZ DE CASTRO Y MARTÍN ARMARIO (1993), estos modelos, más que medir la eficacia de una campaña, miden la rentabilidad de la misma. Se trata de los Modelos publicidad-ventas, que proceden de distintas áreas del conocimiento, como la estadística y la psicología y pueden ser aplicados tanto a controles pre-test como post-test.

Factores que influyen en la eficacia publicitaria
El creciente interés por determinar cuáles son los aspectos o elementos de los anuncios publicitarios en

el medio televisivo que provocan un mayor impacto entre el público objetivo ha propiciado un gran número de trabajos en el ámbito publicitario. En este contexto, las variables que han recibido mayor atención en la literatura han sido, entre otras, el soporte, programa o franja horaria en la que se emite el anuncio; la posición en el bloque publicitario; la duración del anuncio; la repetición o frecuencia de emisión; el estilo y la estrategia publicitaria; el nivel de saturación de los medios, y la velocidad de emisión de las imágenes. El entorno publicitario actual se caracteriza principalmente por altos niveles de saturación. Por esta razón, los publicitarios se ven empujados a buscar nuevos mecanismos que permitan mejorar la eficacia de sus campañas. Existe un gran número de factores externos que pueden llegar a condicionar el logro de los objetivos establecidos, desde las acciones de la competencia pasando por las restantes variables del marketing-mix de la empresa hasta las variables del entorno. Pero en este trabajo vamos a tratar únicamente aquellas variables que influyen en la eficacia de una campaña que están más relacionadas con la planificación publicitaria y con los sentimientos y reacciones del propio individuo hacia aspectos relacionados con la publicidad o con el producto o servicio que se anuncia. Se describirán con más detalle los factores de influencia que se consideran en el estudio empírico a que conduce esta parte teórica: Posición, repetición y estilos publicitarios.

Entre las variables de influencia de la eficacia publicitaria, destacan, por su relevancia e importancia, las siguientes (BEERLI Y MARTÍN, 1999; VERHOEF et al., 1998).

Características del anuncio

Estas variables son las que están más relacionadas con el anuncio y que pueden tener alguna repercusión en su eficacia.

A. Posición del anuncio

La posición o emplazamiento del anuncio en el medio en el que esté expuesto (medios impresos, exterior,...) o emitido (radio, televisión,...) influye en gran medida en la eficacia del mismo.

En el medio televisivo, que es el que nos interesa en este estudio, se pueden destacar diferentes concepciones acerca de la posición del anuncio, y que influyen enormemente en su eficacia (VERHOEF et al., 1998): 1) Día de la semana en que se emite el anuncio; 2) Franja horaria; 3) Tipo de programa en el que se incluye (noticias,...); 4) La colocación del anuncio en el bloque publicitario.

Los anuncios emitidos durante programas de alta audiencia y en las horas prime time son los que poseen un mayor nivel de impacto. Al mismo tiempo, existen investigaciones que han demostrado que los individuos pueden manifestar un mayor rechazo hacia aquellos anuncios que se emiten en los cortes de programa en los que están altamente involucrados o interesados. Lo cierto es que existen muchos estudios sobre esta variable de influencia y dependiendo de los autores, las conclusiones son diferentes. Como punto de partida, y sin basarnos en ningún tipo de investigación empírica, consideramos que los anuncios serán más recordados cuando estén insertos en un programa que nos interese. Ante un programa de interés, uno está mucho más atento, y se evitará el efecto zapping por miedo a perderse parte del programa que nos interesa.

La posición del anuncio en el espacio publicitario puede ser entendida desde dos planteamientos distintos, en cualquier caso relevante; se trata de la posición del anuncio en términos ordinales, así como su posición en relación al tiempo transmitido desde que se inicia la emisión de anuncios hasta que se emite el anuncio en cuestión.

A pesar de que, bajo cualquiera de los dos planteamientos, las primeras posiciones del anuncio (efecto primacy) parecen gozar de ciertas ventajas en términos de atención en relación a las últimas posiciones (efecto recency) (WEBB Y RAY, 1979), no existe un consenso general. Teniendo en cuenta las aportaciones que ha hecho la Psicología en este aspecto, y las opiniones de MURDOCK (1960), podemos decir que estos dos efectos descritos no tienen por qué ser excluyentes, pueden darse de forma simultánea, y existe un consenso generalizado en cuanto a que tienen mucha más probabilidad de recuerdo los estímulos que ocupan las primeras y últimas posiciones que los que ocupan posiciones intermedias. En resumen, los experimentos donde el individuo vacía su memoria a corto plazo con actividades distractoras, beneficiarán las primeras posiciones, seguidas de las últimas. De este modo, en exposiciones naturales a la publicidad donde el sujeto recupera información tiempo después de su procesamiento, serán las primeras posiciones quienes alcancen las mejores puntuaciones. A pesar de los postulados de la Psicología, y de una gran cantidad de estudios por parte de diferentes autores, no se ha llegado todavía a un consenso general en este aspecto. En la parte empírica del presente trabajo, veremos si se cumple el efecto primacy para nuestro caso concreto de eficacia de los anuncios televisivos entre los jóvenes.

B. Repetición del anuncio

Con relación a la repetición, ha sido mucha la literatura desarrollada desde el ámbito tanto académico como profesional. Con esta variable nos referimos a la repetición del anuncio dentro del mismo bloque publicitario, así como el uso conjunto de dos formatos de distinta duración, o bien de la misma duración pero algo diferentes, también dentro del mismo bloque publicitario. Esta última alternativa es la que se ha considerado en este estudio. Si bien la repetición del anuncio favorece una mayor probabilidad de recuerdo y reconocimiento tanto del propio anuncio como del mensaje, resulta muy interesante saber en qué nivel de repetición el anuncio comienza a ser útil (wear-in) y en qué nivel se desgasta (wear-out) (PENCHMAN Y STEWART,

1988). La repetición constituye una de las variables más estudiadas en el campo de la eficacia publicitaria. Resumiendo, de la revisión bibliográfica, se pueden extraer principalmente las siguientes conclusiones:

• La repetición del anuncio afecta favorablemente al comportamiento del recuerdo en el tiempo (SWINYARD, 1979).

• Las repeticiones espaciadas, aunque de forma moderada, son más eficaces que las concentradas, pues a pesar de que el recuerdo se va incrementando lentamente, la rapidez con la que se produce el olvido es menor (SIMON, 1979; ZIELSKE Y HENRY, 1980. HEFLIN Y HAYGOOD, 1985).

• De una gran cantidad de estudios, se extrae que el número de exposiciones al que ha de someterse un individuo para conseguir los efectos deseados debe situarse en dos o tres.

• Por otro lado, también se ha comprobado que la repetición, a partir de cierto nivel puede generar actitudes de rechazo, produciendo saciedad y hastío. Por esto autores como SCHUMANN, PETTY Y CLEMONS (1990) han comenzado a analizar las ventajas de uso de una estrategia centrada en la utilización de diferentes versiones de un mismo anuncio, para compensar este efecto negativo de la repetición.

C. Estilo publicitario

El estilo publicitario utilizado también es un factor que influye en la eficacia de un anuncio. La mayoría de los estudios empíricos existentes en la literatura académica se centran en analizar la eficacia de determinados estilos de forma aislada, siendo la comparación el estilo que ha recibido mayor atención en la investigación y, en menor medida, el humorístico, el musical y el testimonial.

Con relación al estilo comparativo existe una gran controversia en torno a su efectividad. Autores como LEÓN (1988) y BASSAT (1995) hacen mención en sus obras a esta forma de comunicación. El propio BASSAT se refiere a la comparación como uno de los diez caminos básicos para conseguir la creatividad publicitaria, resaltando su papel a la hora de cambiar las actitudes del consumidor a favor del producto anunciado. Cabe destacar también el estudio realizado por BIGNÉ y MIQUEL (1994) sobre la influencia de la publicidad comparativa en el recuerdo publicitario. En el mismo se concluye que existe una relación directa entre intensidad de comparación y recuerdo de la marca y del anuncio.

Sin embargo, mientras algunos autores han encontrado relaciones positivas entre el estilo y la eficacia de los anuncios, otros autores demuestran lo contrario. Esta falta de consenso puede ser debida a la inexistencia de una conceptualización clara y concisa de la publicidad comparativa. En nuestro país se utiliza muy poco y siempre bajo la forma pseudocomparativa, es decir, sin nombrar específicamente al competidor. La influencia del humor en la eficacia del anuncio ha sido estudiada por numerosos autores, llegándose igualmente a resultados opuestos en lo que se refiere a la comprensión del mensaje, el recuerdo y la actitud hacia el anuncio y la marca. En este contexto, resulta importante analizar el tipo de producto que se anuncia antes de hacer afirmaciones sobre la efectividad del estilo humorístico.

Con relación a los anuncios musicales, GORN et al. (1991) llegaron a la conclusión de que en los individuos de la tercera edad la música interfiere en el proceso de aprendizaje, de forma que se incrementan los niveles de recuerdo y de reconocimiento.

Se dice que un anuncio ha penetrado o comienza a ser útil (wear-in) a un nivel de repetición particular si, cuando el individuo ha estado expuesto a él, dicho anuncio tiene un efecto positivo sobre éste, medida sobre cualquiera de las variables que típicamente entran en juego cuando se habla de eficacia publicitaria (Pechmann y Stewart, 1988).

Un anuncio que ha penetrado se dice que se desgasta o queda inservible (wear-out) si, cuando el individuo está expuesto a él, dicho anuncio ya no produce ningún efecto positivo adicional o incluso empieza a tener efectos negativos sobre su receptor (Pechmann y Stewart, 1988). Elementos visuales del anuncio pero disminuyen en los aspectos verbales. Estos autores también demuestran que el estilo musical es menos efectivo en términos de creencias hacia el producto, actitudes y conducta frente a los anuncios de carácter informativo. En la presente investigación se analiza la eficacia de estos estilos publicitarios entre los jóvenes. Finalmente, la mayoría de los estudios que se han realizado sobre la efectividad del estilo testimonial se han centrado en analizar qué figuras son más eficaces en los anuncios testimoniales (expertos, famosos, personajes creados, o personas corrientes), cómo afecta la información negativa del personaje famoso a la actitud hacia la marca y el nivel de credibilidad y atractivo de esos anuncios (OGILVY, 1983). Este mismo autor, OGILVY (1983), distingue dos grupos de estilos publicitarios, según estén por encima de la eficacia promedio o por debajo.

Los estilos más eficaces en publicidad, son los siguientes: humor, escenas de la vida real, testimoniales, demostraciones, solución del problema, cabezas parlantes, personajes, razones, noticias y emoción. Los estilos que él considera están por debajo del promedio son: testimonio de celebridades, dibujos animados y viñetas musicales.

Sin embargo, la literatura académica existente sobre esta variable de influencia de la eficacia publicitaria se caracteriza por la falta de estudios globales que contemplen los estilos publicitarios conjuntamente, y por otro lado, la existencia de resultados contradictorios en la eficacia de los estilos publicitarios.

D. Duración del anuncio

El estudio del efecto de la duración de los anuncios ha seguido siempre una misma línea, centrada en analizar, desde una perspectiva cognitiva, afectiva y/o comportamental, los efectos derivados de un formato de mayor duración frente a uno de menor duración, comparándose entre sí los resultados. Como punto de partida los anuncios de mayor duración suelen ofrecer mayor cantidad de elementos (aspectos creativos o información propiamente) que permiten una más rica codificación del mensaje en la memoria, e incluso en determinados casos en los que la cantidad de información presentada es la misma, ofrecen ésta de forma más pausada, consecuencia de una mayor duración del anuncio, por lo que será mucho más probable su recuperación de la memoria si lo comparamos con la situación generada consecuencia de estar expuesto a un anuncio más corto. En este trabajo no hemos estudiado la influencia de la duración en la eficacia publicitaria. Se han analizado los resultados y consecuencias de la repetición de un anuncio, no mediante el uso de un anuncio largo y otro corto, sino mediante una estrategia, utilizada fundamentalmente en la televisión americana, donde se analiza la sinergia del uso de dos formatos de la misma duración, concretamente 15 segundos, en el mismo espacio publicitario para anunciar un mismo producto o marca; se trata de la publicidad denominada compartida, por producto o marca, constatándose los buenos resultados en términos de recuerdo que su uso ofrece.

E. Color del anuncio

La reacción de un individuo ante un color es una mezcla de mecanismos instintivos y de aprendizaje social. El color rojo, por ejemplo, simboliza fuerza y dinamismo, y el color verde es sedante y equilibrado. Pero la influencia del color sobre el impacto de un anuncio depende también de la forma en que esté combinado con otros colores, del tipo de ilustración sobre el que aparezca y de la relación fondo-forma.

F. Otras características del anuncio

Otras características del anuncio que pueden influir en su eficacia son: La parte verbal del anuncio; la parte gráfica o visual; pequeñas modificaciones en los anuncios de una misma campaña, que amplían su vida efectiva y ayudan a prevenir una saturación (wearout) demasiado prematura; el nivel de saturación de los medios, ya que cuanto mayor es el nivel de saturación, más bajo es el nivel de atención y recuerdo; y la velocidad de emisión de los spots publicitarios.

Involucración del individuo hacia el producto

La involucración de un individuo hacia un determinado producto se refiere al compromiso o interés que una persona tiene con dicho producto basándose en sus necesidades, valores o intereses (ZAICHKOWSKY, 1985).

Esta variable ejerce una influencia en el proceso de respuesta publicitaria; así, por ejemplo, cuanto mayor sea el nivel de involucración hacia el producto, más elevada será la atención que se presta a los anuncios de dicho producto, el nivel de recuerdo y la actitud positiva hacia los mismos.

Se ha constatado en diversos estudios prácticos que cuando el individuo está motivado para procesar el mensaje, por estar implicado con el tema que se aborda, lleva a cabo un mayor esfuerzo cognitivo y desarrolla mayor número de pensamientos relacionados con dicho mensaje (MACINNIS, MOORMAN Y JAWORSKI, 1991; GEYSKENS, 1994).

.

Variables relacionadas con la actitud del individuo

A. Actitud hacia la publicidad en general:

Cuando una persona presenta una actitud de rechazo hacia la publicidad en general, también podría manifestarse esta misma actitud hacia cualquier anuncio, con sus consiguientes consecuencias sobre la eficacia del mismo.

En este sentido, DONTHU, CHERIAN Y BHARGAVA (1993) llegaron a la conclusión de que cuando un individuo muestra una actitud más positiva hacia la publicidad en general, su nivel de recuerdo es mayor.

B. Niveles de credibilidad de la publicidad en general: La credibilidad de la publicidad también es considerada como un antecedente indirecto de la actitud del individuo hacia el anuncio, ya que parte de la hipótesis de que si un individuo cree en la publicidad en general, también creerá en el anuncio, que es una variable que influye en la actitud del individuo hacia el anuncio.

En la literatura académica hay muy pocos trabajos que han intentado medir la credibilidad de la publicidad en general.

C. Imagen del público sobre el medio o soporte publicitario: La imagen del soporte en el que se inserta el anuncio puede influir en el grado de credibilidad y fiabilidad del mismo. Un mismo anuncio puede presentar diferentes niveles de credibilidad y fiabilidad, dependiendo de la imagen que posea el público del medio en que ese anuncio esté expuesto.

D. Imagen del anunciante:

La imagen que tenga el anunciante es también una variable a considerar en los estudios de eficacia. El anunciante ha de inspirar credibilidad en el público, y así el anuncio gozará también de credibilidad, y por tanto el nivel de persuasión del mensaje será mayor (MACKENZIE Y LUTZ, 1989; TAN, 1985).

Influencia de la posición, repetición y estilos publicitarios en la eficacia de los anuncios televisivos entre los jóvenes

El medio de comunicación elegido para realizar este estudio ha sido la televisión. La disminución media de la duración de los anuncios, añadida al también incremento de tiempo de emisión de publicidad, ha ido generando con el paso de los años el alto nivel de saturación con el que se enfrentan medios, anunciantes, agencias y telespectadores en nuestro país. España es uno de los países europeos de mayor consumo televisivo, y además se sitúa en las primeras posiciones en cuanto a saturación publicitaria. La creatividad del mensaje publicitario y una adecuada planificación de medios contribuirán en gran medida a alcanzar los objetivos del anunciante. Y no hay que olvidar que la tendencia en los últimos años va encaminada a una menor exposición a los anuncios por parte del individuo, por lo que debe tratar de buscar criterios de actuación complementarios que, conseguido el contacto, maximicen los resultados obtenidos. Es bajo este planteamiento donde el tema de investigación de este trabajo queda justificado, centrándose éste en el valor que puede aportar a la campaña publicitaria la creatividad, no concebida sólo desde la creación del propio mensaje, sino también desde la planificación de medios.

Como se ha expuesto anteriormente, las variables que han recibido mayor atención en la literatura acerca de la eficacia publicitaria en televisión han sido, entre otras, el soporte, programa o franja horaria en la que se emite el anuncio; la posición en el bloque publicitario; la duración del anuncio; la repetición o frecuencia de emisión; el estilo y la estrategia publicitaria; el nivel de saturación de los medios, y la velocidad de emisión de las imágenes.

El objetivo de este trabajo es determinar los posibles efectos que pueda tener la posición de un anuncio dentro de la pausa publicitaria y la repetición de éste, en el recuerdo y reconocimiento de los mismos. Otro aspecto que también se evaluará es la influencia del estilo publicitario en el recuerdo y actitud de los consumidores.

Objetivos y metodología

En la presente investigación pretendemos contrastar empíricamente si la posición en el bloque publicitario, la repetición de éste, y el estilo del mismo, influyen en su eficacia. Para comprobar la consecución de estos objetivos planteamos unas hipótesis, que posteriormente contrastaremos, y que se derivan del análisis teórico desarrollado en la primera parte de la investigación.

Hipótesis planteadas en la investigación

Las hipótesis que pretendemos contrastar son las siguientes.

Objetivo: influencia de la posición en la eficacia de los anuncios

H1.- Se conseguirá un mayor nivel de recuerdo espontáneo del anuncio y de la marca si el anuncio se sitúa en la primera posición de un bloque publicitario que si está situado en una posición intermedia (-).

H2.- Se conseguirá un mayor nivel de reconocimiento verbal del tipo de producto y de la marca si el anuncio se sitúa en la primera posición de un bloque publicitario que si está situado en una posición intermedia (-).

H3.- Se conseguirá mayor nivel de recuerdo sugerido del anuncio y de la marca si el anuncio se sitúa en la primera posición de un bloque publicitario que si está situado en una posición intermedia (+).

Objetivo: influencia de la repetición en la eficacia de los anuncios

H4.- Se conseguirá un mayor nivel de recuerdo espontáneo del anuncio y de la marca si el anuncio se repite dentro del mismo bloque publicitario que si es emitido una única vez (+).

H5.- Se conseguirá un mayor nivel de reconocimiento verbal del tipo de producto si el anuncio se repite dentro del mismo bloque publicitario que si es emitido una única vez (+).

H6.- Se conseguirá mayor nivel de recuerdo sugerido del anuncio y de la marca si el anuncio se repite dentro del mismo bloque publicitario que si es emitido una única vez (+).

Objetivo: influencia de los estilos publicitarios en la eficacia de los anuncios

H7.- Se alcanzarán diferentes niveles de recuerdo espontáneo del anuncio y de la marca para anuncios de estilo y estrategia publicitaria distintos d entro de la misma categoría de producto e idéntica marca (+).

H8.- Se conseguirán diferentes niveles de reconocimiento verbal del tipo de producto para anuncios de estilo y estrategia publicitaria distintos dentro de la misma categoría de producto e idéntica marca (+).

H9.- El mismo patrón de respuesta se desarrollará cuando lo que se considere sea el recuerdo sugerido del anuncio y de la marca (+).

H10.- El individuo mostrará distintos niveles de actitud hacia el anuncio ante estilo y estrategia publicitaria diferentes para la misma categoría de producto e idéntica marca (+).

Con el ánimo de contrastar las hipótesis planteadas nos vimos en la necesidad de exponer a un conjunto de individuos a una serie de estímulos publicitarios, los que eran objeto de análisis, en las condiciones más reales posibles, es decir, como intermedio de un programa televisivo, camuflando a la vez los propósitos de la investigación.

Las decisiones básicas a tomar eran tres: determinar los estímulos publicitarios a utilizar, seleccionar el programa que iba a servir de tapadera de los objetivos de la investigación y determinar la muestra objeto de estudio.

Estímulos publicitarios

Basándonos en los objetivos, hemos planteado la muestra y el diseño de la investigación. Para alcanzar los objetivos planteados necesitábamos dos vídeos, distintos en cuanto a los anuncios insertados en el bloque publicitario: vídeo 1 o experimental y vídeo 2 o de control. El contenido de ambos vídeos se expone en la Figura. Todos los anuncios utilizados en el análisis eran anuncios que en esos momentos estaban en antena, ya que se grabaron un mes antes de la presentación de la cinta, con el objeto de que la interrupción publicitaria resultase actual.

Aunque podría suponer una limitación del estudio, consideramos que el nivel de familiaridad existente del individuo con el anuncio puede considerarse similar para todos los anuncios y que, por tanto, esta variable no tiene por qué condicionar nuestros resultados.

También consideramos conveniente seleccionar como sector competitivo en este bloque a las compañías de teléfono, ya que es una de las principales características de la publicidad desde hace unos meses, al liberalizarse este sector.

Todos los anuncios a testar fueron seleccionados de acuerdo a los gustos e intereses de los individuos pertenecientes a la muestra, es decir, chicos y chicas jóvenes y estudiantes.

Una vez grabados los 15 anuncios en cuestión, únicamente restaba considerar un programa tapadera que permitiera encubrir los propósitos de nuestra investigación, pero que a la vez ofreciera la oportunidad de exponer al individuo a los anuncios objeto.

Para cada caso se indica, una vez analizados los datos, si la hipótesis ha sido contrastada afirmativa (+) o negativamente (-).

Interés durante el corte publicitario
Concretamente seleccionamos un reportaje de interés social de un programa sobre el medio ambiente, de *La 2*, de unos 15 minutos.

Debido a que este reportaje no estaba dividido por ninguna pausa publicitaria, hubo que analizar el contenido del mismo, y así se eligió aquella posición para la pausa que correspondiera a dos partes diferenciadas por su línea argumental (la primera parte duraba seis minutos, y la segunda nueve).

En este espacio se incluyeron los 15 anuncios seleccionados que iban a configurar el espacio publicitario objeto de análisis de nuestro estudio.

Anuncios (Marcas) Vídeo Experimental	Categoría de Productos	Anuncios (Marcas) Vídeo Control	Categoría de Productos
Audi A4	**Automóvil**	Repsol, Campsa, ...	Gasolina
CD Carlos Vives	Música (CD)	CD Carlos Vives	Música (CD)
Canasta	Vino	Canasta	Vino
Telefónica	Compañía telefónica	Telefónica	Compañía telefónica
Caja Roja (Nestlé)	**Bombones**	**Caja Roja (Nestlé)**	**Bombones**
Pescado congelado	Pescado congelado	Pescado congelado	Pescado congelado
Páginas Amarillas	Servicio telefónico	Páginas Amarillas	Servicio telefónico
Caja Roja (Nestlé)	**Bombones**	**Audi A4**	**Automóvil**
IBERIA *(musical)* **Estrategia emocional**	**Compañía aérea**	**IBERIA** *(cabeza-parlante)* **Estrategia racional**	**Compañía aérea**
Amena	Telefonía móvil	Amena	Telefonía móvil
Fructis de Garnier	Champú	Fructis de Garnier	Champú
Retevisión	Compañía telefónica	Retevisión	Compañía telefónica
Gel S3	Gel	Gel S3	Gel
Halcón Viajes	Agencia de viajes	Halcón Viajes	Agencia de viajes
Telefónica	Compañía telefónica	Telefónica	Compañía telefónica

Estructura de la pausa publicitaria para ambos vídeos:
Marca y categoría de producto

La muestra estaba formada por 108 individuos, estudiantes de la Facultad de Ciencias Económicas y Empresariales de la Universidad de Oviedo, pertenecientes al 4º curso de la Licenciatura de Administración y Dirección de Empresas. En ningún caso se desveló el objetivo de la investigación, planteándose otros motivos completamente diferentes que justificaban claramente el hecho de ver tal reportaje. Los individuos fueron separados en dos grupos, formados por 56 y 52 individuos. Cada uno de ellos fue expuesto a un vídeo. El grupo formado por 56 individuos vio el vídeo 1 o experimental y el formado por 52 individuos fue expuesto al vídeo 2 o de control. La exposición al medio y el vídeo oportuno se llevó a cabo en un aula de medios audiovisuales de la Facultad de Ciencias Económicas y Empresariales. Tras la finalización de la emisión, los individuos de la muestra debían contestar las preguntas de un cuestionario diseñado con el fin de obtener la información deseada para alcanzar los objetivos planteados; entre las cuestiones que incluía dicho cuestionario se planteaban preguntas relativas al recuerdo de los anuncios, actitud hacia la marca anunciada y hacia el anuncio, así como el nivel de implicación con el producto anunciado, actitud hacia la publicidad en general y actitud hacia el programa en concreto que acababan de ver.

Medidas de eficacia

Las medidas de eficacia de los anuncios que empleamos fueron:

- Recuerdo espontáneo de la categoría de producto y de la marca, cuya variable tomará el valor de 1 si se recuerda la categoría de producto o de la marca y 0 en caso contrario.

- Recuerdo verificado para determinar los contenidos verbales y visuales del anuncio que recuerdan los individuos. Las categorías de recuerdo verificado dependerán del número máximo de contenidos que se recuerden en este escrutinio, variando desde 0 hasta dicho valor máximo.

- Recuerdo sugerido de la marca indicando las categorías de producto correspondientes a los anuncios que queremos testar.

- Reconocimiento verbal del tipo de producto, mediante un procedimiento de elección forzada.

- Actitud hacia los anuncios, a través de una escala de diferencial semántico.

Ficha técnica de la investigación

En la Figura se resume la ficha técnica de la investigación. Aunque el muestreo es de conveniencia puede constituir un adecuado pre-test para otro estudio posterior donde se plantee una mayor representatividad estadística de la muestra mediante el adecuado procedimiento de muestreo (los más utilizados son métodos probabilísticos con afijación proporcional).

Con estas limitaciones se puede admitir que el universo serían jóvenes estudiantes de 20 a 23 años de la Comunidad Autónoma de Asturias.

Consideramos que la población es infinita (superior a 100.000) con lo que el tamaño de la muestra asciende a 108 personas, lo que para un nivel deseado de confianza del 95 % implica un error de muestreo de ± 9,43 % para el caso más desfavorable de p = q = 50 %.

Universo: Jóvenes estudiantes de 20 a 23 años.

Ambito: Comunidad Autónoma de Asturias.

Método de recogida de información: Exposición a un video y posterior cuestionario.

Tamaño de la muestra: 108 cuestionarios válidos.

Error muestral: ± 9,43 %

Nivel de confianza: 95%   K = 1,96 ■ = 0,05   p = q = 50 %

Procedimiento de muestreo: De conveniencia

Fecha de trabajo de campo: Noviembre de 1999

Los 108 individuos de la muestra fueron sometidos a un cuestionario. El diseño de dicho cuestionario era acorde con la bibliografía consultada en los capítulos teóricos de esta investigación.

El objetivo final de este trabajo es analizar la influencia de la posición, repetición y estilos publicitarios en la eficacia publicitaria, así como conocer la opinión de los jóvenes hacia la publicidad en televisión, o la publicidad en general.

Una vez obtenidos los datos necesarios para el análisis de estos objetivos, se procedió a su procesamiento mediante software estadístico, concretamente SPSS 9.0 para Windows.

Los resultados del trabajo se sometieron a un proceso estadístico descriptivo y de inferencia estadística tendente a conocer la posible influencia de las tres variables comentadas anteriormente en la eficacia de los anuncios entre los jóvenes. También se utilizó el análisis factorial para medir niveles de actitud hacia la publicidad en general.

Elaboración del cuestionario empleado en la investigación

El cuestionario empleado en este estudio consta de cinco partes bien diferenciadas. Cada una de las preguntas que componen este cuestionario se plantearon de tal forma que permitieran conocer la actitud hacia el programa, hacia la publicidad en general, el nivel de recuerdo y actitud de los anuncios, que componían el bloque publicitario, de cada uno de los individuos de la muestra, así como la involucración de los individuos hacia determinados productos y sus características sociodemográficas.

Se llevó a cabo un pre-test a 20 individuos para perfilar el contenido de los vídeos y del cuestionario. Los resultados obtenidos permitieron incorporar las modificaciones oportunas y diseñar los vídeos y cuestionario finalmente aplicados a la muestra de 108 jóvenes.

El motivo por el que se han solicitado más opiniones es la obtención de resultados interesantes que permitan derivar otras conclusiones complementarias en el campo de la eficacia publicitaria.

Resultados y conclusiones

Siguiendo el orden de exposición determinado por los objetivos perseguidos en este estudio, podemos reseñar como resultados más relevantes del mismo los que describimos a continuación.

Por otro lado, en los siguientes epígrafes se comentan otros cruces de variables y resultados de interés.

Influencia de la posición en la eficacia publicitaria

La contrastación de las tres primeras hipótesis H1, H2 y H3 permitirá llegar a alguna conclusión en cuanto a la posible influencia de la posición en la eficacia de los anuncios televisivos entre los jóvenes. El anuncio a testar era un anuncio perteneciente a la categoría de producto "coches" y la marca en concreto era "Audi". Tal y como se refleja claramente en la Figura, que describe la estructura de la pausa publicitaria para ambos vídeos, en el vídeo 1 o experimental, el anuncio en cuestión se grabó en primera posición, es decir, se trataba del primer anuncio de la pausa publicitaria. En cambio, en el segundo vídeo, el mismo anuncio se colocó en la octava posición, en una posición intermedia del bloque. En un principio, tal y como están planteadas las hipótesis, suponemos que se cumple el efecto primacy, es decir, que el nivel de recuerdo tanto espontáneo como sugerido del anuncio y de la marca será mayor para el caso del vídeo experimental, donde el anuncio se encuentra en primera posición. Al realizar el contraste acerca de la dependencia de estas dos variables, vemos que de todos los individuos que han recordado que en el bloque publicitario de la emisión televisiva había una anuncio de coches, un 50,6 % había estado expuesto al vídeo 1 o experimental, y un 49,4 % había visto el vídeo 2 o de control.

Obtenemos además, un p-valor de 0,69, por lo que podemos concluir que no hay diferencias significativas entre ambos vídeos. Es decir, el hecho de haber estado expuesto a uno u otro vídeo no ha afectado a un mayor nivel de recuerdo espontáneo del anuncio de coches. No ha influido, por tanto, el que el anuncio estuviera en primera posición o en una posición intermedia. Para analizar si la variable posición ha influido en el nivel de recuerdo espontáneo de la marca, hemos realizado el contraste de las variables vídeo y recuerdo espontáneo de la marca Audi, procedimiento similar al anterior. Centrándonos en la interpretación de los resultados, observamos cómo de todos los individuos que recuerdan la marca Audi de forma espontánea, es decir, "sin pistas", exactamente un 50 % habían estado expuestos al vídeo experimental, y el otro 50 % al vídeo de control. Lógicamente, el nivel de significación o p-valor es de 0,57, por lo que no existen diferencias significativas entre las dos variables.

En definitiva, podemos afirmar que: La posición no ha influido en un mayor nivel de recuerdo espontáneo de la marca. Otra conclusión de interés a la que hemos llegado es que prácticamente todas las personas que espontáneamente se acordaron que en la pausa publicitaria había un anuncio de coches, también recordaron la marca. Sólo tres personas no recordaron que el anuncio era de Audi: dos en el vídeo experimental, y una en el de control. Queda, por tanto, contrastada la hipótesis H1, y podemos concluir que la posición no es una variable que influya en un mayor nivel de recuerdo espontáneo del anuncio ni de la marca, para el caso concreto del anuncio elegido en este trabajo. No obstante, de conclusiones obtenidas por la literatura existente sobre el tema y en definitiva, a partir de las conclusiones obtenidas por diversos autores, la posición sí que constituye una variable de influencia de la eficacia publicitaria. Sin embargo, del presente estudio podemos extraer una conclusión muy importante: cuando se trata de un anuncio bueno, original y que gusta en general a todo el mundo, la posición que éste tenga dentro del bloque publicitario no va a influir en que se recuerde más o menos. Si el anuncio es diferente a todos los demás, y resulta atractivo, el que esté situado en primera posición, o en una posición intermedia no influirá en su eficacia. También el hecho de que fuera un anuncio de una duración más larga que la media del resto de los anuncios que componían la pausa, y que fuera el único del sector del automóvil, pudiera haber contribuido a un mayor recuerdo del mismo por parte de los individuos, y a encubrir los efectos provocados por la variable posición. Para contrastar la hipótesis H2 se realizó el contraste de las variables vídeo y reconocimiento del tipo de producto y posteriormente reconocimiento de la marca. La posición del anuncio de coches no ha influido en un mayor reconocimiento de que en el bloque publicitario había un anuncio de coches. De todos los individuos que se acordaron que había un anuncio de esta categoría de producto, un 53,7 % había estado expuesto al vídeo experimental, y un 46,3 % al vídeo de control. El p-valor exacto es 0,3, por lo que no existen diferencias significativas entre ambos vídeos. La posición no influye tampoco en el nivel de reconocimiento de la categoría de producto, en este caso, un anuncio de coches.

Para estudiar la posible influencia de la posición del anuncio en el nivel de reconocimiento de la marca, en este caso, Audi, elaboramos la correspondiente tabla de contingencia. Del contraste de estas dos variables, vídeo y reconocimiento de la marca anunciada, vemos que tampoco existen diferencias significativas entre los dos vídeos. No obstante, cuando procedemos a contrastar la hipótesis H3, relativa a la influencia de la posición en el nivel de recuerdo sugerido del anuncio y de la marca, detectamos que la posición sí influye en un mayor recuerdo del anuncio y de la marca, como se puede apreciar también en este gráfico. Pero el estar más o menos seguro de que la marca anunciada es Audi, no depende de la posición en la que haya sido emitido el anuncio. El p-valor exacto para este contraste es de 0,29, muy superior a 0,05. Queda, por tanto, contrastada la hipótesis H2, concluyendo que la posición tampoco influye en un mayor nivel de reconocimiento del tipo de producto ni de la marca anunciada.

Procedemos ahora a contrastar la hipótesis H3

En este caso, pretendemos estudiar si la posición del anuncio influirá en un mayor nivel de recuerdo sugerido del tipo de producto y de la marca.

Para la primera medida de eficacia, el recuerdo sugerido del producto, los resultados se reflejan en la figura.

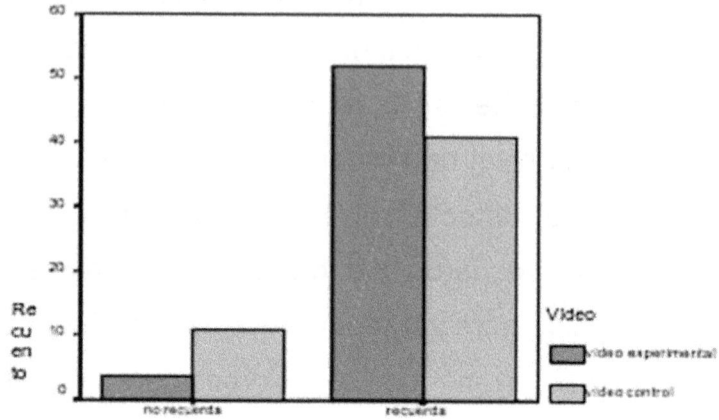

Recuerdo sugerido marca Audi

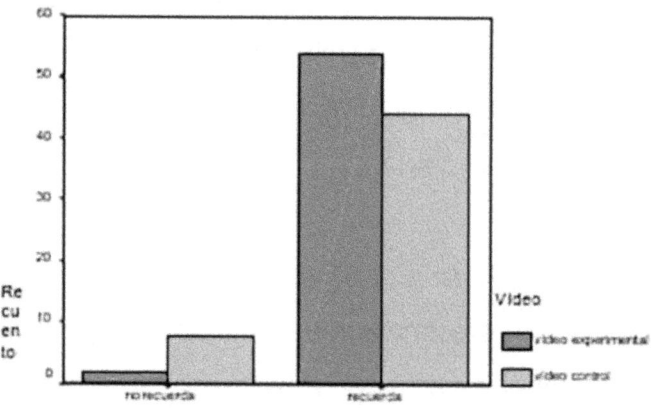

Recuerdo sugerido categoría coches

Ahora sí vemos que hay diferencias en cuanto al número de personas que se acordaron del anuncio de forma sugerida en uno y otro vídeo, es decir, una vez que en la pregunta se les planteaba sí se acordaban de algún anuncio de coches, un 55,1 % de las personas que afirmaron haber visto dicho anuncio habían estado expuestas al vídeo 1 y un 44,9 % al vídeo 2. El p-valor obtenido es de 0,03, menor que 0,05, por lo que en este caso, sí encontramos diferencias significativas para ambos vídeos. En otras palabras, la posición del anuncio de coches en la pausa publicitaria influye en un mayor nivel de recuerdo sugerido del anuncio. Se cumple aquí el efecto primacy, según el cual un anuncio colocado en primera posición es más eficaz que si estuviera colocado en una posición intermedia. En este caso concreto, el anuncio colocado en primera posición ha sido más recordado, de forma sugerida, que el emitido en una posición intermedia. Con relación al nivel de recuerdo sugerido de la marca, los resultados se reflejan en la figura. Podemos ver claramente que la marca del coche que ha sido anunciado se recuerda más cuando el anuncio se encuentra en la primera posición del bloque que cuando está en una posición intermedia. De todas las personas que se acordaron que el coche que se anunciaba era de la marca Audi, un 55,9 % correspondía a individuos que habían visto el vídeo experimental, y el resto, un 44,1 %, a personas que habían visto el de control. El nivel de significación o p-valor obtenido al contrastar estas variables es de 0,03, menor que 0,05, por lo que sí existen diferencias significativas entre las variables analizadas. Concluimos el contraste de la hipótesis H3, y llegamos a la conclusión de que la variable posición del anuncio en la pausa publicitaria influye en los niveles de recuerdo sugerido del anuncio, y también de la marca. Esta hipótesis supone, como ya hemos comentado, el cumplimiento del efecto primacy, tan estudiado por psicólogos y especialistas en el campo de la publicidad.

Influencia de la repetición en la eficacia de los anuncios

La contrastación de las hipótesis H4, H5 y H6 va a permitir estudiar si la repetición se puede considerar como una variable que influye en la eficacia publicitaria. El anuncio elegido es un anuncio de bombones Caja Roja, de la marca Nestlé. En el vídeo experimental el anuncio se emite dos veces. Se trata de dos anuncios de idéntica duración y mismo estilo, aunque no son exactamente iguales. En el primer vídeo se emite en la quinta y octava posición, y en el vídeo de control sólo se emite el de la quinta posición, e igualmente situado. El planteamiento de las hipótesis lleva a pensar que se conseguirán mayores niveles de eficacia, en términos de recuerdo espontáneo y sugerido del anuncio y de la marca, además de reconocimiento verbal de la categoría de producto para el vídeo experimental, ya que en él se repite el anuncio. Comenzamos estudiando los efectos de la repetición en la medida de eficacia publicitaria relativa al recuerdo espontáneo del anuncio y de la marca, o hipótesis H4. Para ello, analizamos estadísticamente los datos que tenemos mediante una tabla de contingencia y la significación correspondiente medida por la Chi-cuadrado de Pearson. Estudiamos inicialmente, como hicimos en el contraste de las hipótesis anteriores, las posibles diferencias en los niveles de recuerdo espontáneo del anuncio con relación a ambos vídeos. Para ambos vídeos, se observa que el anuncio de bombones ha sido más olvidado que recordado en términos de recuerdo espontáneo. Sólo un 38 % de la muestra recordaba que en la emisión había un anuncio de este tipo. Pero, podemos ver también que los individuos expuestos al vídeo experimental, en el cual el anuncio se emitía dos veces, es decir, estaba repetido, recordaron más este anuncio que las personas expuestas al vídeo de control. De todos los que recordaron el anuncio, un 65,9 % habían visto el anuncio repetido, y el 34,1 % restante lo habían visto una sola vez. Las diferencias para ambos vídeos son claras, confirmándose con un p-valor exacto de 0,02, bastante menor que 0,05. Existen diferencias significativas para ambos vídeos. Luego la repetición del anuncio se confirma en este estudio como variable de influencia de la eficacia publicitaria en términos de recuerdo espontáneo de la categoría de producto. Procedemos ahora a analizar los efectos o influencia de la repetición del anuncio en el recuerdo espontáneo de la marca, en este caso, Nestlé. Los datos muestran claramente que las personas que vieron el anuncio repetido, se acordaron más de la marca que las que lo vieron una sola vez. De todos los que recordaron el anuncio, un 37 % del total de la muestra, el 65 % había estado expuesto al vídeo experimental, y el resto, el 35 %, al vídeo de control. El p-valor exacto es de 0,03, por lo que podemos decir que existen diferencias significativas entre ambos vídeos. En definitiva, queda contrastada la hipótesis H4. Hemos comprobado que realmente la repetición es una variable que influye, y positivamente, en un mayor nivel de recuerdo espontáneo del anuncio y de la marca del producto anunciado.

Pasamos ahora a contrastar la hipótesis H5
Lo que pretendemos comprobar es si la repetición influye en los niveles de reconocimiento verbal de la categoría de producto del anuncio que estamos testando, en este caso, de chocolate.

De nuevo mediante una tabla de contingencia, observamos que la gran mayoría de todas aquellas personas que reconocen haber visto un anuncio de esta categoría de producto, habían visto el vídeo 1 o experimental, en el que este anuncio estaba repetido. En concreto un 68, 4 % del total, frente al 31, 6% restante, que habían visto el vídeo 2 o de control.

El porcentaje de las personas que no lo recordaron, es por tanto mucho mayor para los que vieron el vídeo, como se puede ver en el siguiente gráfico:

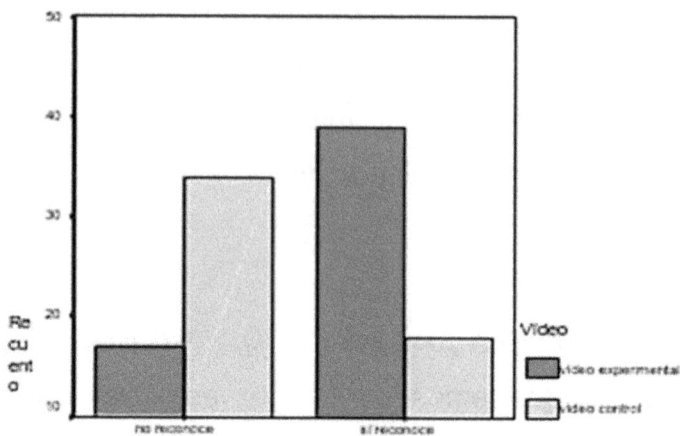

Reconocimiento categoría chocolate

El p-valor exacto obtenido en este análisis es de 0, mucho menor que 0,05, y por tanto muy significativo. Existe una diferencia apreciable entre las opiniones de los anuncios, concretamente sobre el reconocimiento verbal, de ambos vídeos. Contrastamos así la hipótesis H5, habiendo comprobado empíricamente que la repetición de un anuncio dentro del bloque publicitario influye positivamente en el nivel de reconocimiento verbal de la categoría de producto que se anuncia. Una vez confirmadas las hipótesis H4 y H5 sólo nos queda analizar y contrastar la hipótesis H6 para poder confirmar la influencia de la repetición en la eficacia de los anuncios en televisión con relación a las tres medidas de eficacia publicitaria utilizadas: el recuerdo espontáneo, reconocimiento y recuerdo sugerido tanto del anuncio como de la marca. Respecto a la influencia de la repetición en el nivel de recuerdo sugerido del anuncio, de todos los individuos que componen la muestra, sólo el 55,6 % afirmó haber visto un anuncio de un alimento dulce. De todos ellos, el 66,7 % habían visto el vídeo 1, donde el anuncio estaba repetido, y el 33,3 % restante habían visto el vídeo 2, donde el anuncio no estaba repetido. El p-valor obtenido es 0, por lo que podemos decir que hay diferencias significativas entre ambos vídeos, con relación al recuerdo sugerido del anuncio. La repetición influye en esta medida de eficacia publicitaria. Para el caso del recuerdo sugerido de la marca, hemos obtenido unos datos que muestran también la influencia de la repetición. De todas las personas que se acordaron que el anuncio era de bombones Caja Roja de Nestlé, un 52,8 % del total de la muestra, el 68,4 % correspondía a individuos que habían estado expuestos al vídeo experimental, y el 31,6 % restante a individuos que habían visto el vídeo de control. El p-valor obtenido es 0, mucho menor que

0,05, por lo que en este caso también existen diferencias muy significativas entre ambos vídeos. El nivel de recuerdo sugerido de la marca es mucho mayor para el caso de la parte de la muestra expuesta al vídeo 1, es decir, que han visto el anuncio repetido.

La hipótesis H6 queda contrastada y comprobada empíricamente. Se conseguirá un mayor nivel de recuerdo sugerido del anuncio y de la marca si el anuncio se repite dentro del mismo bloque publicitario que si es emitido una única vez. En conclusión de todos los comentarios realizados hasta este momento, la repetición constituye una variable de influencia de la eficacia publicitaria en televisión cuando las medidas de eficacia consideradas son el recuerdo espontáneo del anuncio y de la marca, el reconocimiento verbal del tipo de producto y el recuerdo sugerido del anuncio y de la marca.

Influencia de los estilos publicitarios en la eficacia de los anuncios

Las hipótesis H7, H8, H9 y H10 planteadas, parten de la existencia de diferentes niveles de recuerdo espontáneo, reconocimiento y recuerdo sugerido y actitud hacia el anuncio para anuncios de estilos diferentes. En nuestro estudio, para llevar a cabo el contraste de estas hipótesis, hubo, en primer lugar, que grabar en ambos vídeos dos anuncios de la misma categoría de producto y misma marca y en idéntica posición, pero de estilo publicitario diferente. Los anuncios elegidos fueron dos de la compañía aérea Iberia. En el vídeo experimental se grabó un anuncio de estilo musical, un anuncio original y creativo. El anuncio del vídeo de control era de estilo cabeza-parlante, en el que un personaje famoso actúa de presentador, ensalzando las ventajas de la compañía. Los resultados a los que se ha llegado se exponen a continuación.

La hipótesis H7 supone que se alcanzarán distintos niveles de recuerdo espontáneo del anuncio y de la marca para anuncios de estilo y estrategia publicitaria diferentes dentro de la misma categoría de producto y misma marca. En nuestro caso concreto, suponemos que será el anuncio que más guste el que se recuerde más. Adelantándonos a los resultados definitivos, suponemos que será más recordado el anuncio insertado en el bloque publicitario del vídeo. Efectivamente, en términos de recuerdo espontáneo del anuncio, el 55,4 % de las personas que vieron el vídeo 1, cuyo anuncio era de estilo musical y estrategia emocional, lo recordaron. De los individuos expuestos al vídeo 2, cuyo anuncio era de estilo cabeza parlante y estrategia racional, sólo el 30,8 % lo recordaron espontáneamente. El p-valor exacto obtenido en este cruce de variables es de 0,01, prácticamente 0, lo que quiere decir que la significación es muy alta. Existen diferencias significativas entre ambos vídeos. Resultó más fácil recordar el anuncio del primer vídeo que el del segundo. Estos resultados vienen representados en la figura. Con relación al recuerdo espontáneo de la marca, los resultados son exactamente los mismos que para el caso anterior. Esto se debe a que todos los individuos que recordaron haber visto un anuncio de una compañía aérea, se acordaron de la marca, un anuncio de Iberia. Al igual que en el caso anterior, el p-valor alcanzado es 0,01, prácticamente 0, por lo que se puede decir que existen diferencias significativas entre ambos vídeos. Se ha recordado mucho más el anuncio del vídeo experimental que el del vídeo de control. El lector interesado puede derivar las conclusiones y comentarios realizados consultando la figura.

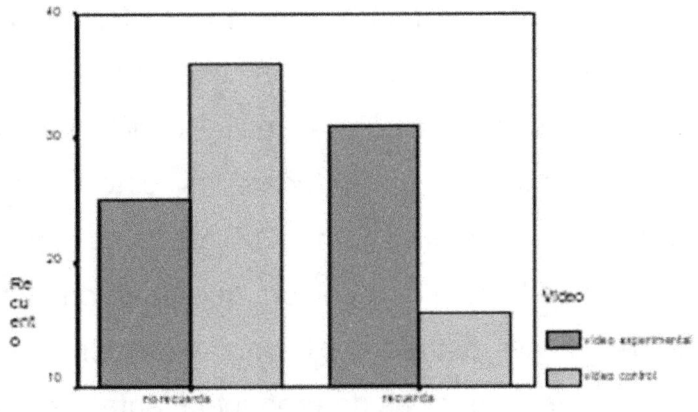

Recuerdo espontáneo Compañía aérea

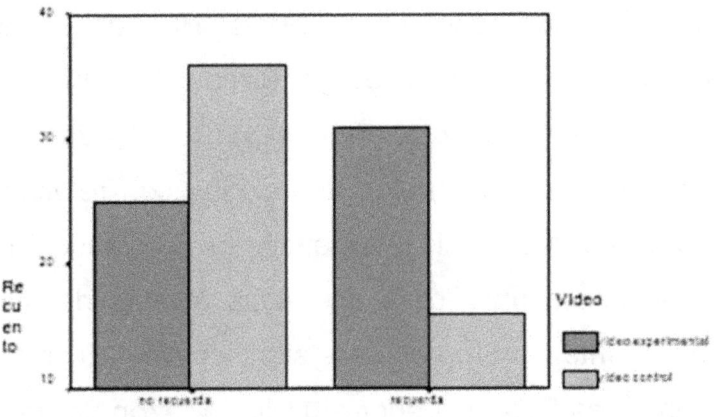

Recuerdo espontáneo marca Iberia

Queda por tanto, contrastada la hipótesis H7. Podemos concluir con la afirmación de que para distintos estilos y estrategias publicitarias, se alcanzan efectivamente niveles de recuerdo espontáneo del anuncio y de la marca diferentes. También es susceptible comentar que para el caso concreto de los anuncios de compañías aéreas, conclusión que podríamos extender para todas las categorías de producto en general, serán más efectivos aquellos anuncios que llamen la atención, que sean originales, distintos, y de estrategia básicamente emocional. Dentro de las categorías de producto planteadas en la pregunta 7 del cuestionario, estaba la categoría "viajes". Lo que pretendemos estudiar ahora, habiendo planteado la hipótesis H8, es si esta categoría ha sido más reconocida por la submuestra expuesta al vídeo 1 que por la expuesta al vídeo.

Vemos que no ha habido diferencias con relación al reconocimiento de la existencia de un anuncio de viajes. Existe una ligera diferencia a favor del vídeo experimental, pero no es significativa. El p-valor obtenido es 0,24, superior a 0,05. La razón por la que en este caso no existen diferencias significativas es porque en ambos vídeos habíamos insertado otro anuncio de la misma categoría, viajes, aunque no de una compañía aérea, sino de la agencia Halcón Viajes. Al existir dos anuncios, resultó mayor el recuerdo de dicha categoría de producto. Nos basamos para llegar a esta conclusión en las hipótesis relativas a la repetición, comprobadas empíricamente en el apartado anterior. No podemos afirmar nada, por tanto, en cuanto a la existencia de diferencias en los niveles de reconocimiento verbal para diferentes estilos y estrategias publicitarias dentro de la misma categoría de producto.

Pasamos ahora a contrastar la hipótesis H9, que supone lo mismo que en los casos anteriores, pero en cuanto a niveles de recuerdo sugerido del anuncio y de la marca. Estudiamos las posibles diferencias entre estilos y estrategias publicitarias con relación al recuerdo sugerido del anuncio, y obtenemos los resultados que a continuación comentamos.

Efectivamente, el porcentaje de los individuos expuestos al vídeo experimental, que recordaron haber visto un anuncio de una compañía aérea en la emisión, fue notablemente mayor que el porcentaje de las personas expuestas al vídeo de control que también lo recordaron. Prácticamente toda la submuestra expuesta al vídeo recordó haber visto un anuncio de este tipo, exactamente, un 94,6 %. De los individuos expuestos al vídeo 2 o de control, sólo el 36,1 % recordó haber visto un anuncio de una compañía aérea. El grado de significación o p-valor exacto obtenido es 0, luego la significación es muy alta. Existen diferencias muy significativas para ambos vídeos. Se alcanzan niveles de recuerdo sugerido del anuncio muy diferentes para distintos estilos y estrategias publicitarias dentro de la misma categoría de producto y misma marca. Tomando en consideración el recuerdo sugerido de la marca, detectamos unos resultados muy parecidos a los obtenidos para el recuerdo sugerido del anuncio. Las diferencias para ambos vídeos son también significativas. El p-valor exacto obtenido en el cruce de estas variables es 0, por lo que podemos decir que existen diferencias muy significativas entre ambos vídeos. El nivel de recuerdo sugerido de la marca Iberia es mucho mayor para aquellas personas que vieron el anuncio de estilo musical y estrategia emocional que para los que vieron el anuncio de estilo cabeza-parlante y estrategia racional.   Hemos contrastado la hipótesis H9, y concluimos con la afirmación de que es más eficaz, en términos de recuerdo sugerido del anuncio y de la marca, un anuncio de estilo musical, creativo, original y de estrategia emocional, que uno de estilo cabeza parlante, que no llama la atención y de estrategia racional, para una misma categoría de producto, en concreto, las compañías aéreas, y misma marca, Iberia. Para realizar el contraste de la hipótesis H10, realizamos un análisis de comparación de medias, mediante la prueba "t" de Student, para cada uno de los ítems que explican la actitud hacia el anuncio con relación al tipo de vídeo con el fin de conocer la actitud que los individuos tienen hacia uno y otro anuncio de la misma categoría de producto e idéntica marca. Queremos ver la influencia que puede tener el estilo publicitario y la estrategia empleada en el anuncio en la eficacia del mismo, en términos de actitud hacia el mismo. Se considera más eficaz aquel anuncio que provoque en el individuo una actitud más favorable y positiva hacia el mismo. Sólo el hecho de que haya habido 30 personas, pertenecientes a la submuestra expuesta al vídeo o de control, que no han recordado el anuncio y que por tanto, no han podido describir su actitud hacia el mismo, nos da una primera idea de que el anuncio incluido en el primer vídeo provoca una actitud más positiva y favorable. Comprobamos entonces, la influencia que ejerce la actitud hacia el anuncio en un mayor recuerdo del mismo.

Bondad del anuncio

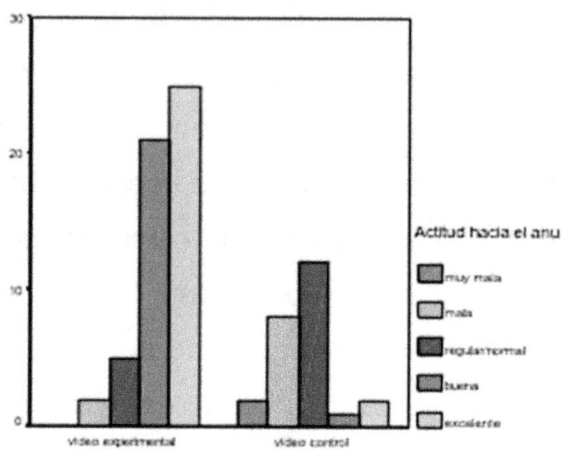

VALOR MEDIO vídeo 1 = 4,3
VALOR MEDIO vídeo 2 = 2,72

Interés del anuncio

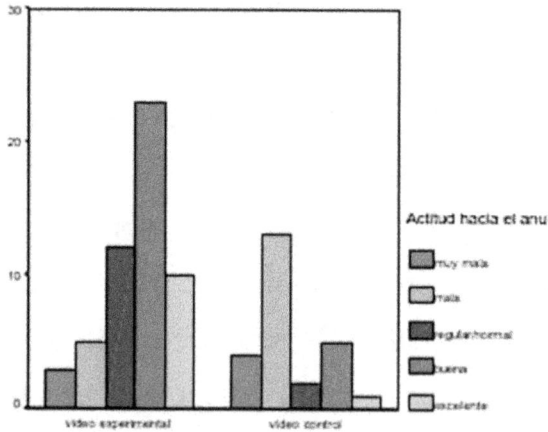

VALOR MEDIO vídeo 1 = 3,6
VALOR MEDIO vídeo 2 = 2,44

Gusto por el anuncio VALOR MEDIO vídeo 1 = 4,37; VALOR MEDIO video 2 = 2,44
El anuncio informa: VALOR MEDIO vídeo 1 = 2,32; VALOR MEDIO video 2 = 3,16
El anuncio es agradable: VALOR MEDIO vídeo 1 = 4,67; VALOR MEDIO video 2 = 3,24
El anuncio es útil: VALOR MEDIO vídeo 1 = 2,88; VALOR MEDIO video 2 = 3
El anuncio es emocionante: VALOR MEDIO video 1 = 3,52; VALOR MEDIO video 2 = 2,12
El anuncio es realista: VALOR MEDIO vídeo 1 = 2,47; VALOR MEDIO video 2 = 2,72
El anuncio es creativo: VALOR MEDIO video 1 = 4,52; VALOR MEDIO vídeo 2 = 2,16
El anuncio es creíble: VALOR MEDIO vídeo 1 = 2,90; VALOR MEDIO video 2 = 2,96
El anuncio es comprensible: VALOR MEDIO video 1 = 4,3; VALOR MEDIO video 2 = 4,44

De la comparación de medias para cada caso, obtenemos que existen diferencias muy significativas (p-valor exacto de 0) entre ambos vídeos con relación a la actitud hacia el anuncio, para casi todas las variables. No existen diferencias significativas en cuanto a la valoración de la utilidad, realismo, credibilidad y comprensibilidad del anuncio. Resumiendo, la actitud de los individuos hacia uno y otro anuncio es la siguiente:

La mayoría de las personas opina que el anuncio de estilo musical y estrategia publicitaria emocional, es un anuncio muy bueno, excelente; en cuanto al interés que suscita, les resulta interesante; les parece que informa sobre el producto; a la gran mayoría le gusta mucho este spot; les provoca una actitud muy agradable; lo califican de emocionante y muy creativo; y por último, les resulta muy fácil de comprender. El anuncio de estilo cabeza-parlante y estrategia racional, provoca una actitud en los individuos muy diferente. La mayor parte de los individuos que se acordaron de este spot, opina que es un anuncio normal, ni bueno ni malo; además, les parece poco interesante; que informa bastante acerca del producto; por lo general no les gusta especialmente; no les resulta muy agradable; ni emocionante, sino más bien soso; tampoco creativo; finalmente, como en el caso anterior, también les parece muy comprensible. La actitud que ambos anuncios provocan con relación a su utilidad, realismo y credibilidad, es normal, para ambos anuncios. Hemos contrastado positivamente esta hipótesis, por lo que podemos afirmar que efectivamente, los individuos muestran diferentes niveles de actitud hacia el anuncio ante estilo y estrategia publicitaria diferentes para la misma categoría de producto y misma marca.

En este estudio en concreto, podemos afirmar también que son más eficaces, desde el punto de vista tanto cognitivo como afectivo, los anuncios de estilo musical, y estrategia emocional. De ahí el hecho de que actualmente estén tan de moda y en auge en nuestro país. Este tipo de anuncios provocan en los individuos sensaciones diferentes y agradables, son originales y muy creativos.

Otros resultados de interés

Actitud hacia el programa

Las dos primeras preguntas planteadas en el cuestionario nos han permitido obtener información acerca de si los individuos habían visto alguna vez el programa al que acababan de estar expuestos y también conocer su interés hacia el medio ambiente, tema tratado en el reportaje.

Acerca del interés por el tema tratado, la mayor parte de los individuos reconocieron que el medio ambiente les preocupaba bastante. Tan sólo un mínimo porcentaje reconoció no importarle en absoluto este tema. Estas preguntas se plantearon también con el fin de estudiar la posible influencia del interés por el programa y por el tema tratado en el nivel de recuerdo y reconocimiento de los anuncios. Tras el análisis estadístico oportuno, y las correspondientes tablas de contingencia, hemos llegado a la conclusión de que, en nuestro estudio, no existe correlación entre estas variables. Es decir, un mayor interés por el programa o el medio ambiente, no afecta ni influye en el nivel de recuerdo ni reconocimiento del anuncio ni tampoco de la marca.

Actitud hacia la publicidad en general

Nos ha parecido interesante en el presente estudio observar cuál es la actitud que la gente tiene hacia la publicidad en general y en concreto, hacia la publicidad en televisión. También en este aspecto hemos intentado encontrar una posible relación entre esta actitud y el nivel de recuerdo de los anuncios insertados en el bloque publicitario. En resumen, podríamos concluir con la siguiente opinión de los jóvenes universitarios, individuos que componen nuestra muestra objeto de análisis, hacia la publicidad:

- La mayoría opina que los anuncios informan sobre los productos (Valor Medio = 3,04).

- Respecto a si prueban los productos que se anuncian, la mayoría opina que no siempre, sólo a veces (Valor Medio = 2,55).

- Hay diversidad de opiniones en cuanto a que los anuncios son entretenidos. Aunque por lo general, los jóvenes consideran que son algo entretenidos (Valor Medio = 2,87).

- Por otro lado, no suelen cambiar de marcas por la publicidad (Valor Medio = 2,14).

- Los anuncios son considerados como algo necesario en la sociedad, aunque otro porcentaje de individuos similar no está muy de acuerdo (Valor Medio = 2,69).

- Casi todos opinan que existen demasiados anuncios en televisión (Valor Medio = 4,48).

- Por lo general, la publicidad no les inspira mucha confianza (Valor Medio = 2,15).

- La mayoría considera a la publicidad poco o nada realista (Valor Medio = 1,83).

- Por último, los jóvenes opinan que la publicidad no es sincera (Valor Medio = 1,71).

Para analizar los ítems de esta pregunta, también realizamos un análisis factorial, con el fin de resumir las variables en un número menor de factores, sin que perdiéramos información.

Hemos obtenido tres factores que resumen las variables consideradas (la varianza explicada es del 61,79 %). La denominación asignada a cada factor se realiza en función de los atributos que los integran. La siguiente tabla resume los resultados obtenidos. En el

Anexo IV se exponen los aspectos estadísticos que se corresponden con dichos comentarios.

FACTOR	DENOMINACIÓN Y ATRIBUTOS QUE LO INTEGRAN
FACTOR 1: Varianza explicada = 35 %	*VERACIDAD Y REALISMO DE LA PUBLICIDAD* La publicidad es realista (0,922) La publicidad es sincera (0,903) La publicidad me inspira confianza (0,709)
FACTOR 2: Varianza explicada = 14,27 %	*INFLUENCIA SOBRE EL COMPORTAMIENTO DE COMPRA* A menudo cambio de marcas por la publicidad (0,759) A menudo pruebo los productos que se anuncian (0,607) Existen demasiados anuncios en televisión (-0,698)
FACTOR 3: Varianza explicada = 12,51 %	*NECESIDAD INFORMATIVA DE LOS ANUNCIOS* Los anuncios son algo necesario en la sociedad (0,879) Los anuncios me informan sobre los productos (0,735)

NOTA: Entre paréntesis is se reflejan las cargas factoriales

Aplicación del análisis factorial a la actitud hacia la publicidad

Por otro lado, la opinión de los jóvenes hacia la publicidad en televisión, no es muy buena (Valor Medio = 2,83). El 58,3 % de la muestra posee una opinión normal hacia esta publicidad, ni buena, ni mala. Un 24,1 % tiene una opinión negativa, y el 13 % positiva. Una vez realizado el análisis estadístico oportuno (análisis de comparación de medias utilizando la "t" de Student), podemos afirmar que en este estudio, una actitud más o menos positiva hacia la publicidad de la televisión por parte de los individuos, tampoco influye en una mayor eficacia en términos de recuerdo espontáneo, sugerido ni reconocimiento de los anuncios.

Recuerdo, reconocimiento y actitud hacia los anuncios del bloque publicitario

La pregunta 5 del cuestionario ha permitido estimar que el 98,1 % de los individuos de la muestra, prácticamente todos, recordaron algún anuncio de forma espontánea, es decir, sin que se le preguntara por ningún anuncio de un producto o marca en concreto. Otro de los aspectos que hemos estudiado es la influencia del tipo de vídeo en el nivel de recuerdo espontáneo, de reconocimiento verbal de la categoría de producto y en el nivel de recuerdo sugerido de los anuncios de compañías telefónicas. Por lo general, recuerdan más los anuncios de compañías telefónicas los individuos que han estado expuestos al vídeo 2 o de control, llegando incluso a existir diferencias significativas en las medidas de recuerdo espontáneo y, sugerido del anuncio de Retevisión.

Involucración del individuo hacia el producto

Se ha comprobado en este trabajo que una mayor involucración o interés hacia un determinado producto no influye en un mayor recuerdo espontáneo o sugerido del anuncio ni de la marca de ese tipo de producto, ni tampoco en un mayor reconocimiento. Las categorías de producto para las cuales hemos analizado esta posible influencia son los coches, el chocolate, las compañías aéreas y las compañías telefónicas. En ningún caso hemos observado relación entre el interés por el producto y el recuerdo y reconocimiento del mismo.

Características sociodemográficas

Dado que la muestra empleada en nuestro estudio estaba compuesta en su totalidad por estudiantes, prácticamente todos de una edad comprendida entre los 20 y 23 años, no podemos saber si la edad va a ser una variable de influencia en el recuerdo, reconocimiento y actitud de los anuncios objeto de estudio. Tampoco el sexo de los individuos puede considerarse un factor que afecte a la eficacia publicitaria en esta investigación en concreto. Por otra parte, los anuncios del bloque publicitario objeto de análisis fueron seleccionados de manera que el hecho de ser chico o chica no influyera en el nivel de recuerdo de los mismos. Es decir, en ningún caso hemos escogido anuncios dirigidos a un sexo en concreto, como por ejemplo, perfumes, con el fin de que el estudio de la posición, repetición y estilos publicitarios no se viera afectado por ninguna otra variable.

Conclusiones

El tema de la eficacia publicitaria resulta de gran interés en la actualidad, no sólo por la gran cantidad de recursos que conlleva el uso de esta variable de marketing y que necesitan ser justificados en términos de rendimiento, sino también por el cada vez más saturado entorno en el que la publicidad trata de desempeñar su papel. En esta situación, cualquier decisión publicitaria ha de ser tomada con sumo cuidado si bien elementos como la creatividad en la planificación de medios pueden ayudar mucho en la consecución de los objetivos del anunciante. La importancia y auge de la eficacia publicitaria también se ponen de manifiesto en los numerosos trabajos de investigación, pertenecientes tanto al ámbito académico como profesional, tendentes a clarificar el concepto y forma de medir la eficacia publicitaria. A lo largo del presente trabajo hemos analizado la influencia de la posición, la repetición y los estilos publicitarios sobre aspectos cognitivos y afectivos del individuo expuesto a estos anuncios. Se han planteado diversas hipótesis para cuya contrastación se ha diseñado un estudio experimental que ha permitido concluir lo siguiente:

• La posición del anuncio dentro del bloque publicitario influye en la eficacia del mismo en términos de recuerdo sugerido del anuncio y de la marca. Se confirma en nuestro estudio el efecto primacy.

• Hemos encontrado también una relación directa entre la repetición del anuncio dentro de la pausa publicitaria y el recuerdo espontáneo y sugerido del anuncio y marca así como el reconocimiento verbal del tipo de producto.

• El estilo y estrategia publicitaria de un anuncio afecta tanto al nivel de recuerdo espontáneo y sugerido del anuncio y de la marca, como a la actitud provocada en el individuo. En concreto, hemos analizado la superioridad en la eficacia de un anuncio de estilo musical en comparación con otro anuncio de estilo cabeza-parlante, para la misma categoría de producto y misma marca.

A partir del análisis planteado podemos concluir que el anunciante debería optar por una estrategia publicitaria en la que sitúe su anuncio en primera posición de la pausa, o bien repetirlo en la misma pausa, si lo que se plantea es alcanzar un nivel de recuerdo más alto que la media del bloque publicitario en el cual están inmersos sus anuncios. También la elaboración de un anuncio atractivo, que provoque una actitud favorable en los telespectadores, contribuirá a una mayor eficacia publicitaria.

Respecto a las limitaciones más importantes de nuestro estudio mencionar, en primer lugar, que la muestra no goza de representatividad del total de la población, por lo que las conclusiones no son generalizables al total de la población española, aunque sí a la población de estudiantes universitarios jóvenes, pues a lo largo de todo el proceso de investigación hemos tratado de reflejar al máximo posible las condiciones reales de exposición al medio. En segundo lugar, no se han tenido en cuenta otras variables que influyen en la eficacia publicitaria como la cuota de mercado de las marcas anunciadas y la imagen y notoriedad propia de las mismas.

Publicidad y propaganda

Nacimiento de la palabra propaganda

Vayamos ahora con el otro término en discordia. Su origen etimológico es más simple y sencillo que el que acabamos de analizar. El término "propaganda" nace en 1622, cuando el papa Gregorio XV publica la bula Inescrutabili Divinae en la que establece la Sacra Congregatio de Propaganda Fide (o también, "Sacra Congregatio Christiano Nomini Propaganda") para extender la fe cristiana en todos los terrenos de ultramar. En realidad, un antecedente de esa Congregación empezó a funcionar en 1572 bajo el pontificado de Gregorio XIII, que comenzó a reunir periódicamente a tres cardenales para combatir la acción de la Reforma. Esta comisión o congregación se constituiría de hecho como órgano permanente bajo Clemente VIII; y se consolidaría años más tarde, con Urbano VIII, que añadió un colegio y un seminario de misioneros a la estructura inicial de 1622: trece cardenales, tres prelados y un secretario (Pizarroso, 1993: 28ss). Todos estos datos nos confirman que, efectivamente, la propaganda nace ligada al mundo de las ideas. Es más, se identifica con el ideal de lograr la máxima difusión de una idea; pero no de una idea cualquiera, sino de unas creencias que se tienen por decisivas y trascendentales para la orientación de la propia existencia. Así fue en su origen, y así habrá de ser, como veremos, en su desarrollo. Por lo que respecta al ámbito español, el término "propaganda" ha sido visto desde siempre como un término extranjero, no castellano. De ahí que no aparezca en los Diccionarios del siglo XVII. Aún hoy, no se recoge en el Diccionario Crítico Etimológico Castellano e Hispano de Corominas y Pascual (1985, V t.); de hecho, el concepto más cercano a éste que recoge es el verbo "propalar", que se documenta por primera vez en 1684 y deriva del latín "propalare" ("divulgar una cosa oculta"); y éste a su vez de "propalam" ("en público, de forma patente"). Con todo, el Diccionario reconoce la influencia del término propaganda en el uso actual de "propalar", más cercano hoy en día a la acepción "llevar una noticia de un lugar a otro" (Corominas y Pascual, 1985, t. IV, 660).

Por su parte, el Diccionario de Autoridades de la Academia sí recoge "propagar" y "propagado", pero no "propaganda" (1737, t. III, 403); lo cual indica una vez más que las autoridades lingüísticas no considerarón tampoco ese término como plenamente aceptado en el uso castellano. Los primeros usos del adjetivo señalado ("propagado") se localizan en las obras de Fray Francisco de Santa María (Historia Profética, libro I, cap. 5) y del Conde de Villamediana (Obras Poéticas, comedia "La Gloria de Nichea"). La única obra de lexicografía que proporciona alguna pista acerca de la implantación de este término en nuestra lengua es el Diccionario de Americanismos, de Marcos Augusto Morínigo, donde se recoge: "PROPAGANDA (Del inglés propaganda). Información interesada o tendenciosa. Es voz castiza, pero el sentido peyorativo se debe a influencia del inglés" (1966: 522). Con esto se quiere indicar que el término existía en nuestra lengua por derivación del latín, y que inicialmente tenía un sentido neutro. El sentido negativo, que en la actualidad se considera un matiz importante del vocablo, sería el contenido que habríamos tomado en préstamo del inglés.   En la lengua francesa, sin embargo, el término latino "propaganda" se acepta muy pronto en el uso vulgar. Como nombre propio referido a la Congregación de cardenales, el vocablo se documenta ya en 1689. Pero un siglo después, y como consecuencia del estallido revolucionario, la palabra adquiere una gran notoriedad y un uso desorbitado alrededor de su segunda acepción, que se fecha en 1790: "Acción ejercida sobre la opinión de la gente para inducir ciertas ideas políticas y sociales, o sostener una política, un gobierno o un candidato" (Robert, 1993: 1.786). Esta acepción se generaliza durante la Revolución francesa; de modo que dos años más tarde, en 1792, se constata ya su derivación "propagandiste", como en este texto de Madelin: "La Revolution (...) dès la première heure, s'était faite, on le sait, propagandiste à outrance" (Robert, 1993: 1.786). Ya en el siglo XIX, Emile Zola la emplea repetidamente en sus obras. Y a comienzos del siglo XX, se documenta también en textos de Colette, Bastide o Malraux (cfr. Dict. Larousse, 1989: 1.516). Por último, en Inglaterra el término sufre un proceso parecido al francés, aunque de forma más ralentizada. La referencia a la Congregación de la Iglesia Católica no se documenta hasta 1718, en el libro Tournefort's Voyager Levant, de Ozell: "La Congregación de la Propaganda les da un regalo de nada menos que veinticinco coronas romanas por persona" (cfr. Oxford English Dictionary, 1989, t. XVI: 632). Antes de que termine ese siglo, y al rebufo de la estela revolucionaria francesa, los ingleses adoptan también una segunda acepción de ese término: "Cualquier asociación, plan sistemático o movimiento concertado para la propagación de una práctica o doctrina particular" (Subrayemos esta palabra, particular, por su especial importancia para la definición del concepto). El 27.IX.1790 se fecha en Inglaterra una carta de J. MacPherson en la que se emplea el término propaganda en esa acepción: "Todos los reyes tienen (...) un

Diferencias conceptuales entre publicidad y propaganda: una aproximación etimológica
Nuevo tipo de Pretendientes con los que competir, los discípulos de la Propaganda de París o, como se llaman a sí mismos, Los Embajadores del género humano" (Aspinall, 1964, t. II:98).
Finalmente, a comienzos del siglo XX, el Oxford Dictionary registra una tercera acepción del vocablo propaganda, que define en los términos siguientes: "La propagación sistemática de información o ideas por un partido interesado, especialmente: de modo tendencioso, a fin de animar o instar a actitudes o

respuestas particulares. También las ideas, doctrinas, etc. Así propagadas; y el vehículo de esa propagación" (1989, t. XVI: 632). Un ejemplo de este uso se fecha ya en 1908, pero es más representativo este otro ejemplo de Bernard Shaw, de 1911: "Aunque toleramos la propaganda del anarquismo como una teoría política (...), claramente no podemos tolerar el asesinato de los gobernantes diciendo que son 'la propaganda de los hechos' o un experimento sociológico" En síntesis, de este análisis etimológico podemos concluir:

1. El término "propaganda" proviene de la Congregación para la Propagación de la Fe, que funda el papa Gregorio XV en 1622. Su origen remite, por tanto, a una consideración ideológica; y, en concreto, a la difusión de ideas (o creencias) especialmente valiosas para el emisor.

2. Durante mucho tiempo, ese término no es acogido como vocablo propio en el castellano. Se usa por los hablantes, pero no es reconocido por el Diccionario de Autoridades ni, aún hoy, por el Diccionario Etimológico. El Diccionario de Americanismos recoge tan solo la adopción en nuestra lengua de la carga negativa del término, proveniente del uso anglosajón.

3. En el francés, se constata rápidamente el término para aludir a la Congregación de la Iglesia Católica. Tras el estallido revolucionario, se crea inmediatamente una segunda acepción (1790), ligada a la "influencia psicológica" sobre la opinión de la gente, con vistas a promover unas ideas, un gobierno o un candidato. También surge, simultáneamente, el adjetivo "propagandiste".

4. En la lengua inglesa, las dos acepciones se documentan también (la primera, más tardíamente). Pero, a comienzos del siglo XX, se constata una tercera, elaborada sobre la anterior francesa, que incluye los matices de: "propagación sistemática" y "modo tendencioso". En el inglés, tanto la segunda como la tercera acepción aluden a un interés particular o partidista de la comunicación o propagación de ideas.

Diferencias entre publicidad y propaganda

Es, exactamente, el sentido que aportaba el Oxford English Dictionary al exponer el sentir lingüístico de los hablantes. La publicidad ("advertising") consiste, según el uso de los hablantes, en "hacer saber [poner en conocimiento público]; especialmente, por el pago de un anuncio" (1989, t. I: 191). Conviene notar que dice especialmente, y no exclusivamente. Por otro lado, la propaganda es entendida como "cualquier asociación, plan sistemático o movimiento concertado para la propagación de una práctica o doctrina particular" (p. 782). En esa misma línea parece situarse también Eguizábal cuando dice: "La diferencia fundamental, más allá de los objetivos de difusión ideológica de la propaganda, es que lo característico de ésta ha sido su tendencia a la simulación de sus intenciones y de sus medios, frente a la vocación pública y abierta de la actividad anunciadora y publicitaria. Publicitar es hacer público, y lo primero que anuncia la publicidad es su propia naturaleza, su mensaje de pertenencia a un género" (1998: 14). Un poco más adelante, añade: "Reducir la publicidad a lo meramente comercial contradice una lección de su historia: primero, por la dificultad de deslindar limpiamente lo público y lo privado en la actividad anunciadora; segundo, por el avance de otras clases de publicidad (institucional, social) que, utilizando los mismos medios y soportes, así como las mismas técnicas, constituyen una parte cada vez más importante de la actividad publicitaria total" (p. 14). La diferencia no está, por tanto, en los contenidos, sino en el método. La Propaganda tiene algo de violento; es la ideología, el discurso cerrado y la proclamación de eslóganes sin discusión racional, sin atender a la realidad ni a los sentimientos; es la idea que se antepone a la persona. Por eso es el lenguaje de los imperativos categóricos (de un lado y del otro: fundamentalismo religioso o lo políticamente correcto); algo que no se discute: o lo aceptas o te autoexcluyes. La Publicidad, en cambio, es el terreno de la suavidad, de la seducción, del enamoramiento; es el arte y la estética, frente a la ideología; la comunicación y el diálogo, frente a la convicción; la retórica y el ingenio frente a la imposición. Por eso se mueve en el terreno de los mitos: no argumenta, sugiere; no impone, propone; no demuestra, sino que muestra con suavidad y sutileza. Con este planteamiento, la gente no encuentra dificultad en aceptar que la publicidad puede también transmitir ideas de alcance social, colectivo: campañas de prevención de accidentes, de estimulación del voluntariado, de erradicación de conductas racistas. Porque no sirve a intereses partidistas, sino colectivos. Y le llamarán "publicidad social" con total convencimiento. Incluso no dudarán en aceptar también como publicidad la información persuasiva de partidos políticos -debidamente enmarcada y controlada- que viene en el momento y en el modo adecuados: legitimada por la cercanía de unas elecciones, que dan un carácter de misión social a su abrupta incursión en la vida ciudadana. Esa misión consiste en hacer más racional el voto y más responsable la participación ciudadana. Tal vez por eso, hay un acuerdo social en aceptar esa publicidad -que no propaganda- en los medios de opinión pública, los mass media, que en cualquier otro momento se mostrarían reacios a cederle en su seno el uso de la palabra. Por eso, mi propuesta -sin ánimo de ofrecer definiciones cerradas- es el reconocimiento de tres conceptos diferentes para referirnos a la comunicación publicitaria:

a) publicidad comercial: referida a productos (bienes o servicios), a marcas o empresas, o a otros "asuntos de promoción económica", como pueden ser las personas (cantantes, p. ej.), los lugares (ciudades), etc.

b) publicidad social: referida a ideas que afectan a la colectividad, con un sentido educativo (prevención de incendios, publicidad política en época de sufragio, etc.) o de estimulación de la solidaridad;

c) propaganda: referida a ideas que afectan a un grupo social o político, con un carácter más partidista, argumentativo y exclusivista.

Nos queda por añadir que esa publicidad social incluye, a su vez, fenómenos relativamente dispares. Así, podemos distinguir con Kotler y Roberto (1991) cuatro ámbitos diferentes de publicidad social:

1) Las causas sociales, que se mueven en el terreno específicamente social; incluiría las funciones altruistas de aglutinamiento social: educación, erradicación de conductas antisociales (racismo, etc.), beneficencia, altruismo, asistencia social, captación de socios para una causa, etc. Serían promovidas siempre por entidades sin ánimo de lucro (p. ej.: ONGs).

2) Los servicios sociales, que se mueven en el terreno de lo parasocial; incluiría las funciones utilitaristas de integración social: las campañas preventivas (campañas de la Administración

contra la droga o el alcoholismo, prevención de accidentes de circulación, etc.) o las funcionales (civismo, limpieza de la ciudad, respeto de la naturaleza, ahorro de energía, pago de impuestos, etc.). Estarían promovidas siempre por la Administración.

3) Las colaboraciones sociales, que se mueven en el terreno de lo metasocial; incluiría el apoyo económico o social de empresas e instituciones en el terreno de la solidaridad y la educación. Y esto tanto desde una posición netamente filantrópica como desde otra más interesada o de "imagen pública".

4) Las campañas políticas, que se mueven en el terreno de lo político social; incluiría todas aquellas campañas de publicidad política que se integran en un proceso electoral, informan de los propios proyectos sociales y contribuyen a hacer más racional la participación ciudadana en los comicios. Indudablemente, sirven a una causa particular, pero su integración en un proceso social de primera magnitud, legitima esas campañas: incluso les cede parte del espacio público generado por los medios. En

ese contexto son información, y sirven a la colectividad por encima de exclusivismos. Cuando, lejos de informar, las campañas deforman la realidad o se orientan a la denigración del contrario, dejan ipso facto de ser publicidad social para convertirse, pura y simplemente, en propaganda.

Bibliografía

BASSAT, L. (1995): El Libro Rojo de la Publicidad. Barcelona.

BEERLI PALACIO, A. Y MARTÍN SANTANA, J. D. (1998): "Metodología para medir la eficacia publicitaria: Aplicación a los medios impresos". Economía Industrial, nº 321: 171:187.

BEERLI PALACIO, A. Y MARTÍN SANTANA, J. D. (1999): "Cómo influyen los estilos publicitarios en la efectividad de las anuncios televisivos entre los jóvenes". XI Encuentro de Profesores Universitarios de Marketing (Valladolid, 1 y 2 de octubre). Madrid.

BEERLI PALACIO, A. Y MARTÍN SANTANA, J. D. (1999): Técnicas de medición de la eficacia publicitaria. Barcelona.

BELLO, L., VÁZQUEZ R. Y TRESPALACIOS, J. A. (1996): Investigación de mercados y estrategia de marketing. Madrid.

BENDIXEN, M. T. (1993): "Advertising Effects and Effectiveness". European Journal of Marketing.

BIGNÉ ALCAÑIZ, J. E. Y MIQUEL ROMERO, M. J. (1996): "La duración del anuncio: efectos cognitivos y afectivos". La empresa en una economía globalizada: Retos y Cambios. Editor: Teodoro Luque Martínez. Asociación Europea de Dirección y Economía de la Empresa. vol. IB: 767-778.

BIGNÉ, J. E. Y GÓMEZ DEL RÍO, A. (1995): "Modelos de decisión de la estrategia y táctica de contenido del mensaje publicitario". Revista Europea de Dirección y Economía de la Empresa, vol. 4, nº 3.

BROWN, T. J. Y ROTHSCHILD, M. L. (1993): "Reassessing the Impact of Television Advertis ing Clutter". Journal of Consumer Research, vol. 20, junio: 138-146.

C B News. Communication et Business (1999), nº 529, junio y nº 577, julio.

CORREDOR, P. (1997): "Busque, compare y si encuentra algo mejor... compárelo". Marketing y Ventas para Directivos, nº 112, marzo: 52-53.

D'ADDARIO Miguel. "Teoría de la comunicación". 2017

DEL BARRIO GARCÍA, S. (1996): "El reto de la publicidad comparativa: análisis empírico de su eficacia". La empresa en una economía globalizada: Retos y Cambios. Editor: Teodoro Luque Martínez. Asociación Europea de Dirección y Economía de la Empresa, vol. IB, 795-816.

DÍEZ DE CASTRO, E. C. Y MARTÍN ARMARIO, E. (1993): Planificación Publicitaria. Madrid.
ESTEBAN TALAYA, A. (1997): Principios de Marketing. ESIC, Madrid.
FERNÁNDEZ, R., REINARES, P. Y CALVO, S. (1997): "Alternativas a la Publicidad convencional en TV". Marketing y Ventas, vol. 114, mayo: 6-14.
FERRÁN ARANAZ, M. (1996): SPSS para Windows. Programación y análisis estadístico. Madrid.
GARCÍA UCEDA, M. (1995): Las claves de la Publicidad. Madrid.
KOTLER, P., CÁMARA, D. Y GRANDE I. (1995): Dirección de Marketing. U.K.
LIZASOAIN, L. Y JOARISTI, L. (1997): SPSS para Windows. Versión 6.0, 1 en castellano. Madrid.
MARTÍN ARMARIO, E. (1998): Marketing. Barcelona.
MARTÍN SANTANA, J. D. Y BEERLI PALACIO, A. (1995): "Importancia de la eficacia publicitaria para las agencias de publicidad españolas". Octubre - diciembre: 65-81.
MARTÍN SANTANA, J. D. Y BEERLI PALACIO, A. (1997): "Diseño y Validación de un Instrumento de Medición de la Eficacia Publicitaria en Medios de Comunicación Impresos". IX Encuentro de Profesores Universitarios de Marketing (Murcia, 25 y 26 de septiembre).
MIQUEL ROMERO, M. J. (1998): "La creatividad en la planificación de medios: una vía de la eficacia publicitaria". II Seminario de Planificación de Medios Publicitarios (Benicásim, Castellón, 25 y 26 de Junio). Universitat Jaume I.U.P.D. de Administración de Empresas y Marketing: 7-23.
MOLINER TENA, M. A. (1996): "La medición de la eficacia publicitaria en el marketing social".
OGILVY, D. (1984): Ogilvy & La Publicidad. Barcelona.
PECHMANN, C. Y STEWART, D.W. (1990): "The Effects of Comparative Advertising on Attention, Memory, and Purchase Intentions".
Journal of Consumer Research, vol. 17, septiembre: 180-191.
PERREAULT, J. D. Y PETTIGREW D. (1998): "Bilan de mesures d'efficacité publicitaire utilisées dans les agences de publicité québécoises". Revue Français du Marketing, nº 166: 69-75.
PIETERS, R.G.M. Y BIJMOLT, T.H.A. (1997): "Consumer Memory for Television Advertising: A Field Study of Duration, Serial Position and Competition Effects". Journal of Consumer Research, vol. 23, marzo: 362-372.

RODRÍGUEZ DEL BOSQUE, I. A. (1995): "La Comunicación de la Imagen de la Empresa", Alta Dirección, mayo - junio, n° 181: 79-92.
RODRÍGUEZ DEL BOSQUE, I. A., DE LA BALLINA, J. Y SANTOS, L. (1997): Comunicación Comercial: conceptos y aplicaciones. Madrid.
SÁEZ GONZÁLEZ, E. (1997): "Concepción y Evaluación de la Eficacia Publicitaria en la Agencias de Publicidad". IX Encuentro de Profesores Universitarios de Marketing (Murcia, 25 y 26 de septiembre). Madrid.
SÁNCHEZ FRANCO, M. J. (1998): "La posición del anuncio en la pausa publicitaria: recomendaciones al publicitario ante entornos mediáticos excedentes en información". II Seminario de Planificación de Medios Publicitarios (Benicásim, Castellón, 25 y 26 de Junio). Universitat Jaume I.U.P.D. de Administración de Empresas y Marketing: 25-45.
SÁNCHEZ, P. (1997): "Los nuevos soportes revolucionan la Publicidad". Marketing y Ventas, n°114, mayo: 24-28.
SÁNCHEZ, P. (1998): "Nuevos medios, nueva Publicidad". Marketing y Ventas, N°124, abril: 18-22.
SANZ DE LA TAJADA, L. A. (1996): Los Principios del Marketing: Las Claves para la Gestión Comercial y de Marketing de la Empresa.
SCHUMANN, D.W., PETTY, and R.E. Y CLEMONS, D.S. (1990): "Predicting the Effectiveness of Different Satrategies of Advertising Variation: A Test of the Repetition-Variation Hypotheses". Journal of Consumer Research, vol. 17, September: 192-202.
VERHOEF, P. C., HOEKSTRA, J. C., VAN AALST, M., DE KORT, P. (1998): "The Effectiveness of Direct Response Radio Commercials: Results of a Field Experiment in the Netherlands". Marketing Management and Communication.

Publicidad

y

Comunicación

Fundamentos, aplicaciones y métodos

Miguel D' Addario · PhD

Primera edición
CE
2017

www.ingramcontent.com/pod-product-compliance
Lightning Source LLC
Chambersburg PA
CBHW071405170526
45165CB00001B/184